Alexander F. Storz

So rollten die 70er

Motor buch Verlag

Einbandgestaltung: Janna Marten

Bildnachweis und Dank: Archiv Altstadt (3), Archiv Daimler (6), Archiv Porsche – Jens Torner (9), Archiv Simons (1), Archiv Storz (153), Jens-Peter Berthmann, Wolfgang Diem (2), Christian Grottendieck, Axel Hartung, Klaus Holl (11), Siegfried H. Karbaum/Archiv Holl (10), Hans Otto Neubauer (†) via Erik Eckermann (1), Florian Sauer (2), Alexander Franc Storz (133), Reinhard Veit.

ISBN 978-3-613-04792-1

1. Auflage 2025

Sie finden uns im Internet unter
www.motorbuch-verlag.de

Lektorat: Georg Otto
Innengestaltung: Janna Marten,
Kreativagentur echtweiß,
69120 Heidelberg
Druck und Bindung: Graspo CZ, 76302 Zlin
Printed in Czech Republic

Wie dankbar für den Chronisten waren doch die 50er- und 60er-Jahre! Jeder war stolz auf seinen Wagen und setzte ihn mehr oder weniger gekonnt in Szene. In den 70er-Jahren wurden Autos nicht mehr fotografiert. Warum auch? Sie waren kein Luxusartikel mehr, sondern ein Wegwerfprodukt. Im wahrsten Sinne des Wortes. Sie rosteten ihren Besitzern geradezu unter den Händen weg. Und wenn sie fotografiert wurden, dann allenfalls im Hintergrund im Rahmen des Familiensommerurlaubs. Die 70er-Jahre-Fotos, ach je! Wer heute ein Album aus dieser Zeit durchblättert, sieht oftmals nur rot.

Bereits auf vier Rädern unterwegs: Der Autor im Frühjahr 1971 mit »UL-V 935« vor seines Vaters damals brandneuem Chrysler 180.

Dieses Fotoalbum besteht aus und besticht durch zeitgenössische Aufnahmen, eingefangen hauptsächlich von Privatleuten, weniger von Fotoprofis. Es führt dadurch die Tradition seines Vorgängers in dieser Reihe fort (*So rollten die 60er*). Die Bilder aus dieser Zeit sind, gelinde gesagt, zumeist schlecht.

Glück hat der Chronist, wenn ihm Dias oder Negative vorliegen. Doch auch hier trennt sich die Spreu vom Weizen. Kodachrome-Dias waren schon immer gut und sind haltbar, Agfa-Negative tendieren stark zum Rotstich, Fuji-Filme hingegen zum Grünstich. Dias bestehen aus bis zu sieben Farbschichten und neigen zum Verblassen. Durch einen chemischen Prozess werden die Farben quasi ausgegast.

Am schlimmsten aber sind Papierabzüge aus den 70er-Jahren. Während zuvor Abzüge, zumeist schwarz/weiß, auf Fotopapier abgezogen wurden (Bartypapier), setzte sich in den 70ern das Kunststofffoto, meist farbig, durch (RC-Papier, RC = resin coated = kunststoffbeschichtet). Im Kunststoff sind Weichmacher, die mit der Zeit ausgasen und die Farben ausdünnen. Colorabzüge sind vierschichtig und Rot ist die unterste Schicht. Diese ist heute, nach 40 Jahren, meist noch vorhanden, weswegen die Bilder rotstichig sind, während sich die anderen Farben bereits verflüchtigt haben.

Erschwerend kommt hinzu, dass das Fotografieren in den 70er-Jahren demokratisiert wurde. Es hatte keinen elitären Aspekt mehr, jeder fotografierte, und zwar viel. Damals wurden billige Pocket-Kameras entwickelt für Menschen, die der Zusammenhang zwischen Blende und Belichtungszeit nicht interessierte. Gleichzeitig gab es Kleinstbildkameras, beispielsweise von Minox. Sie waren zwar äußerst populär, weil sie in Agentenfilmen eingesetzt waren, aber ihr Resultat war miserabel. Der Alptraum des Chronisten sind Sofortbildkameras. Die Polaroid-Kamera spuckte das Foto sofort nach der Aufnahme heraus, und dann konnte man gemeinsam beobachten, wie es sich innerhalb der nächsten Minute selbst entwickelte. Diese Bilder taugten schon damals nichts und heute noch viel weniger.

Ein weiterer Aspekt, der die Qualität der 70er-Jahre-Fotos bestimmt, waren die Großlabors, ein gewaltiger Trend damals. Sie boten die Entwicklung und die Fotoabzüge weit billiger an als der Fotografenmeister vor Ort. Modern waren seidenmatte Oberflächen, grob gesagt also Bilder, die aus lauter Löchern und Erhebungen bestehen. Sie sind heute nicht in brauchbarer Qualität reproduzierbar. Ebenfalls ein Ärgernis aus heutiger Sicht ist das Porst-Königsbild ab 1975, samtig glänzend mit runden Ecken und mit selbstklebender Rückseite. Die Chemie des rückwärtigen, mittigen Aufklebers dringt durch das Bild hindurch und erzeugt einen schwarzen Fleck in Bildmitte.

So rollten die 70er entführt den Leser in eine Zeit, welche die meisten live erlebt haben und von der sie selbst noch berichten können. Es war das Jahrzehnt der bisher größten Umwälzung im Bereich des Automobils. Waren das Auto und das Autofahren zuvor ein Luxus- und Spaßfaktor, so herrschte ab den 70er Jahren die Vernunft vor. Der Grund dafür war ein Umdenken der Autofahrer. Es resultierte aus mehreren Erkenntnissen – so jener, dass die Ölressourcen endlich sind, dass Autofahren todesgefährlich sein kann, dass es zu viele Autos gibt. Die aufkommende Umweltbewegung verteufelte das Auto schlechthin, der US-Verbraucheranwalt Ralph Nader gab ihr die Argumente dazu, und die Autoindustrie reagierte. Obendrein waren die 70er-Jahre-Autos nicht dauerhaft. Aber die Fotos und Erinnerungen, die sind noch vorhanden.

Alexander Franc Storz

Da freut sich der Chronist: Eine übrig gebliebene Polaroid 1000 aus dem Jahre 1977, Garant für miserable Farbfotos, die alles andere als haltbar sind. Heute ist diese Kamera Kult, und mittlerweile werden sogar die notwendigen SX-70-Filme wieder hergestellt.

Kapitel 1

Die größte Umwälzung seit Carl Benz: Das Auto wird erwachsen

Obwohl ein ganz Kleiner, so ist der doch total erwachsen: Der Fiat 126 steht für die neue Ernsthaftigkeit der 70er. Vergessen der niedliche »Cinquecento«, der »Elefantenrollschuh«, der seit 1957 für Mobilität auf kleinster Verkehrsfläche stand, vergessen auch das niedliche Kindergesichtchen: Rational und geradlinig, läutete dieses Jahrzehnt ein Umdenken im Verhältnis zum Automobil ein. Noch nicht einmal ein Rolldach durfte Fiats Kleinster haben, für solche Spielereien war kein Platz mehr.

Das Automobil des Jahres 1979/80 war nicht mehr dasselbe wie das Automobil des Jahres 1970. Am Anfang des Jahrzehnts standen die von den »Swinging Sixties« geprägten Wagen, Ausdruck der Zufriedenheit wohlgenährter Deutscher, groß, breit, schön, kurvig, sinnlich, stark. Das Wohlstandsniveau war hoch, es hatte sich zwar schon länger nicht mehr nach oben bewegt, verharrte aber auf einem kaum zu überbietenden Level. Die Fahrzeuge waren immer größer geworden, und der Ausdruck schierer Größe waren die amerikanischen Autos mit bis zu über acht Litern Hubraum.

Gerade die europäischen Ableger amerikanischer Konzerne kopierten die US-Maximen, und Ende der 60er, Anfang der 70er-Jahre trugen die amerikanischen Europäer à la Opel Rekord C, Ford P7b und Chrysler 180 lange, kraftvolle Motorhauben, eher kurze, aber hohe Heckpartien. Das Kofferraumvolumen bestimmend war der so genannte Coke-Bottle-Style, der Hüftschwung. Unterm Blech herrschten die konventionellen Layouts vor, und wegen einer starren Hinterachse wurde ein Auto vielleicht von den Fachleuten gescholten, aber schämen musste man sich am Steuer deshalb noch lange nicht. Die Europäer waren etwas sachlicher und hatten auch, zumindest in der gehobenen Klasse, eine hintere Einzelradaufhängung. Aber auch sie frönten dem Talmiglanz, waren wohl bechromt und dank schwarzer Vinyldächer ebenso wohl behütet. Metalliclack war das seriöse Gegenstück zur bunten Lifestyllackierung.

Auto fahren machte Anfang der 70er-Jahre Spaß und der Pilot gab Gas. Was kostet die Welt? Was kostet das Benzin? Nichts! Auto fahren war zwar nicht billig, aber jeder konnte es sich leisten, und jeder leistete es sich. Auguren mahnten Sicherheit an, aber wer Testberichte in Fachzeitschriften wie ***auto motor sport***, der ***mot*** oder der ***Auto-Zeitung*** las, interessierte sich für Beschleunigungswerte, Höchstgeschwindigkeit und Straßenlage. Letztlich begeisterte sich der Autokäufer nur für diejenigen Daten und Fakten, welche die Jungs aus den allgegenwärtigen Autoquartetten kannten.

Zehn Jahre später war alles ganz anders. Nie hatte ein Jahrzehnt das Automobil mehr verändert. Damit ist nicht nur die Optik gemeint, die dem Zeitgeschmack folgte. Damit sind die inneren Werte gemeint, die Struktur, die Konzeption, die Konstruktion und vor allem die Rezeption des Automobils in der Bevölkerung.

Der Deutsche (und Europäer) des Jahres 1980 wollte ein anderes Automobil als derjenige des Jahres 1970, und er bekam es auch - teilweise sogar gezwungenermaßen. Denn diese immensen Veränderungen waren keine freiwillige Leistung der Autoproduzenten im Dienste der Kunden. Das Umschwenken geschah aus bitterer Notwendigkeit heraus, und es ist bemerkenswert, dass sich das Auto innerhalb dieses Jahrzehnts tatsächlich komplett wandelte. Waren die Konstrukteure zuvor von den Fachleuten für mangelnde Bereitschaft zum Umdenken gescholten worden, so schafften sie es nun binnen eines Jahrzehnts, weil sie mussten. Wenn man muss, dann kann man auch.

Was war geschehen? Warum war aus dem Spaßobjekt Auto das Vernunftobjekt Auto geworden? War es erwachsen geworden, nach rund 80-jähriger Kindheit, Jugend- und Reifezeit? Offensichtlich. Der Wechsel geschah wegen und mit Hilfe, teilweise auch trotz der damaligen politischen Veränderungen. Und weil die Autokäufer die politischen Gegebenheiten am eigenen Leibe zu spüren bekamen: Die Einstellung zum Auto änderte sich, vom Kopf her. Aber nicht vom Bauch her. Die Autokäufer erkannten die Zeichen der Zeit. Aber sie gefielen ihnen nicht.

Ein schönes Beispiel dafür ist die neue S-Klasse, die zur IAA 1979 enthüllt wurde. Man sah sie. Und war zunächst einmal befremdet. Kunden und Freunde der Marke reagierten mit einer Mischung aus Anerkennung und Ablehnung auf den Mercedes W 126. Die Kritiker maßen sie am Stil des Vorgängers W 116, den sie für das Maß der S-Klasse hielten. Diesem Stil wurde der Neue nur bedingt gerecht. Und die Befürworter lobten ihn gerade für sein Anderssein. Die S-Klasse ist symptomatisch für den Paradigmenwechsel. Begonnen hatte dieser sechs Jahre zuvor, mit der Ölkrise 1973/74. Sie wurde durch den Jom-Kippur-Krieg im Oktober 1973 ausgelöst. Dieser Krieg war ein Versuch der Araber, die Golan-Höhen zurückzuerobern, die Israel zuvor im Zuge des Sechstagekrieges 1967 besetzt hatte. Die Organisation der Erdöl-exportierenden Länder drosselte ihre Ölproduktion, um die westlichen Industriestaaten unter Druck zu setzen, die in dem Krieg Israel unterstützen. Öl wurde knapp und damit auch Benzin. Der Liter Super stieg innerhalb kürzester Zeit von 50 auf 80 Pfennige und kratzte teilweise an der Eine-Mark-Grenze.

Die deutsche Bundesregierung unter Kanzler Willy Brandt reagierte darauf und verordnete Tempolimits (generell 100 km/h auf Autobahnen) und vier autofreie Sonntage. Das hatte zwar einen großen moralischen, aber nur einen kleinen wirtschaftlichen Effekt. Neben diesen politischen Ereignissen, in deren Folge die Autobauer begannen, über kleinere und sparsamere Autos nachzudenken, gab es auch politische Umwälzungen, die wiederum in den Studentenunruhen der 60er ihren Ursprung genommen hatten. Dieser Prozess gipfelte in Deutschland schließlich in der Gründung der Bundespartei Die Grünen im Januar 1980. Diese neue Partei vereinigte ein breites Spektrum außerparlamentarischer Strömungen, so die Ökologie-, Anti-Atomkraft-, Friedens- und Frauenbewegung. Zur Ideologie dieses links-alternativen Sammelsuriums gehörte auch eine Technik- und speziell Autofeindschaft.

Eine weitere Tendenz war das allmählich steigende Sicherheitsbewusstsein der Autofahrer selber. 1970 gab es in Deutschland fast 20.000 Tote im Straßenverkehr (bis 1985 hatte sich diese Zahl mehr als halbiert), und die Autoindustrie reagierte 1970 mit dem weltweiten Programm der Experimental Safety Vehicles (ESV), einem Konzept, um die Fahrzeugsicherheit bis 1980 zu verbessern. Diese ESV hatten ihre Hochphase in der ersten Hälfte der 70er-Jahre, und jeder bedeutende Autohersteller beeilte sich, ein eigenes Sicherheitsauto vorzustellen. Die Erkenntnisse dieser ESV flossen in die Serienfertigung mit ein. Diese drei hochbrisanten Themenbereiche, also Benzinverbrauch, Sicherheitsstreben und Autoverteufelung, prägten das automobile Denken ab 1974. Es veränderte die Einstellung sowohl der Kunden als auch der Konstrukteure. In den 70er-Jahren gab es die Autos, die vor dem Ölschock konzipiert worden waren, und am Ende des Jahrzehnts rollten dann die ersten Vertreter der neuen Generation vom Band, welche die 80er Jahre bestimmten. In der Zwischenzeit hatten sich die Konstrukteure beeilt, den Anschluss nicht zu verpassen. Aber die Konstruktion eines neuen Automobils dauert nun mal ihre Zeit. Deshalb erschienen die Neuen erst zum Jahrzehntwechsel, die Neuen, wie die Mercedes S-Klasse W 126 oder der Fiat Panda, die, so unterschiedlich groß sie sind, doch dieselbe Sprache sprechen: Wir sind vernünftig. Und daran mussten sich alle erst einmal gewöhnen.

Als diese neue Generation von Automobilen erschien, war der Benzinpreis übrigens erneut ein Thema. Die zweite Ölkrise ereignete sich 1979, der Rohölpreis erreichte nunmehr ein Rekordhoch von 38 Dollar je Barrel, der Liter Super kostete rund 1,50 Mark. Auch diesmal war der Grund politisch: Förderausfälle im Zusammenhang mit der Islamischen Revolution im Iran (Sturz des Schahs von Persien durch den Schiitenführer Ajatollah Khomeini). Davon hat sich der Erdöl- und damit der Benzinpreis nie mehr erholt - bis heute nicht.

Dasselbe Thema, dieselbe Heimat, eine andere Interpretation: Der Hüftschwung zierte nicht nur den Rekord C, auch den zeitgleichen Opel Kadett B, hier als Coupé mit den falschesten, aber hübschesten Kiemen, seitdem es gefakte Luftschlitze an Autokarosserien gibt.

Ziemlich extrem: Das Coke-Bottle-Design fast bis zur visuellen Schwangerschaft aufgebläht, haben die US-Stilisten für den britischen Markt. Das englische Vauxhall-Pendant zum Rekord C, der Vauxhall Victor FD, trägt den Hüftspeck mit Stolz. Im Bild seine Luxusversion, der Vauxhall VX 4/90, gebaut von 1969 bis 1972 und auf dem deutschen Markt nicht präsent. Aber sehr erfolgreich in den Benelux-Staaten, in Österreich und der Schweiz. Dort mochte man den Hüftschwung.

Mit zwei Jahren Verspätung kam der Manta, der Flügelrochen. Ursprünglich als Teil der künftigen Kadett-Modellfamilie geplant, wurde die Baureihe eine Klasse höher befördert und mutierte zu Ascona, während das Coupé als Reaktion auf den Capri sogar zum eigenständigen Modell ernannt wurde. Die luftig-leichte Coupé-Karosserie mit dem charakteristischen Abrissheck stammt vom Opel-Styling-Chef Charles M. Jordan, trug aber die Ascona-Front. Sie wurde, als der Manta in die Eigenständigkeit entlassen wurde, vom Opel-Designer George Gallion überarbeitet.

Rundlich, weichgespült, crashoptimiert, kunststoffbeplankt, im Windkanal optimiert und von Plastikmonstern vorne und hinten bewehrt, erschien Ende 1979 die neue S-Klasse, der W126. Die einzige optische Kontinuität zum Vorgänger blieben (zunächst) die klassischen Fuchs-Alufelgen, die so genannten »Barock-Alus«. Im Hintergrund, mit Skiträger auf dem Dach, der Vorgänger W116.

Der Ausdruck der neuen Zeit, das Automobil gewordene Resultat all der Umwälzungen während des zu Ende gehenden Jahrzehnts, die Vision der 80er-Jahre: Auf der IAA 1979 debütierte der Mercedes W 126 als Schrittmacher einer neuen Generation. Er sollte die bisher erfolgreichste S-Klasse werden. Nie zuvor war eine S-Klasse so lange gebaut worden wie der W126.

Kapitel 2

Das Spaßbremsenjahrzehnt

Der Simca 1000 Rallye 1 war ein Kind der ausgehenden Sechziger. Unbeschwert und froh durfte noch kräftig Gas gegeben werden. Simca baute diese Version des schnellen Viertürers nur 1972 und ersetzte ihn zum neuen Modelljahr durch den Rallye 2 mit zunächst 82, dann 85 PS. Der hier, vor dem die Dame so locker posiert (unverzichtbares Accessoire für Werbefotos jedweder Art war das Halstuch), hatte nur 60 PS, was für diese Heckschleuder mit 800 Kilo Lebendgewicht immer noch allerhand war.

Das Jahrzehnt der Spaßbremse. Das Jahrzehnt der automobilen Vernunft. Die Paradigmen des Autofahrens hatten sich gewandelt, die Mobilität war von einer Spaßangelegenheit zu einer Vernunftangelegenheit geworden. Autofahren wurde durch die Ölpreisentwicklung nicht nur teuer, sondern auch verpönt. Ideologen verlangten von der Bevölkerung eine Rechtfertigung für deren Mobilität, die sie allenfalls auf niedrigstem Niveau akzeptierten.

Sie selber fuhren Citroën 2CV. Das war für sie eine Statusfrage. Dabei war die Ente nie ein klassenloses Fahrzeug gewesen. Doch jetzt avancierte sie zum Fahrzeug einer gesellschaftlichen Avantgarde (so sah man sich zumindest gerne). Sie war das Fahrzeug der links-alternativ denkenden Jungakademiker in den 70er- und 80er-Jahren. Kaum eine Ente ohne »Atomkraft? Nein danke«-Kleber oder dem »Weg-mit-den-Berufsverboten«-Sticker mit einem Albert Einstein, der die Zunge herausstreckt. Die typische Studentenschaukel eben, das nonkonformistische Statussymbol einer politisch engagierten Generation. Bevor es die Partei Die Grünen gab und besonders nachdem es sie gab, war die Ente das grünste Auto überhaupt. Und dafür wurde die Ente geliebt. Vielleicht, weil der »Döschewo« so anders war und man ihn gar nicht so recht als Auto wahrnahm?

So recht als Auto wahrgenommen wurden nicht nur die Enten, sondern auch die Wanzen, die Bugs, die Buggys. Die in den 60er Jahren von den USA nach Europa geschwappte Buggy-Welle wirkte in den 70er-Jahren noch massiv nach. In den USA galt Mitte der 60er und bis weit in die 70er Jahre hinein folgendes Rezept: Man nehme einen ausgedienten VW Käfer, entledige ihn seiner Karosserie, ersetze diese durch einen fetzig gestylten, völlig offenen Kunststoffaufbau ohne Türen, montiere hinten fette Schlappen, und fertig ist der Buggy. Am besten nennt man ihn »Beach Buggy« (oder auch »Dune Buggy«), denn er war der automobile Ausdruck des Lebensgefühls einer ganzen Generation junger Amerikaner. Buggys verhießen California Dreaming in Reinkultur, die unendliche Leichtigkeit des Seins an der High School und am College, gepaart mit Surfin' USA und zwischendurch einem lustigen Joint. Buggys, so schien es in »good old Europe«, bestimmten das Freizeitverhalten der jungen, amerikanischen Upper Class, deren Denken und Fühlen nicht von Themen wie Vietnamkrieg oder Kritik am Establishment getrübt war.

Und wie damals so ziemlich alles Amerikanische speziell in Deutschland prinzipiell als gut und edel und schön angesehen wurde, schwappte die Mode der Buggys mit zeitlicher Verzögerung über den großen Teich. Statt über kilometerlange kalifornische Strände düsten die deutschen Buggyfreunde über den ostfriesischen Nordseedeich oder die Einkaufsmeile von Castrop-Rauxel, und in der Münchner Leopoldstraße machte sich ein offener Zweisitzer mit boxerndem Käfersound auch gut, denn die Münchner lebten ja schon immer fast in Italien.

Ausgediente Käfer gab es in Deutschland weit mehr als in Amerika, und der

Buggy war urplötzlich das angesagte Spielzeug aller Adepten des Zeitgeistes. Doch so schnell sie aufgekommen waren, so schnell ebbte die Welle auch wieder ab. Spätestens Mitte der 70er-Jahre war der Hype vorbei. Auf das Chassis der »Super-Käfer« 1302 und 1303 mit den vorderen McPherson-Federbeinen passten die Buggy-Bausatz-Karosserien ohnehin nicht, und in den 80ern waren Buggys nicht mehr so leicht zulassungsfähig. Dafür, dass letztlich nur so wenige Fahrzeuge entstanden, gab es ein dickes Gedränge in der Nische. Etliche Firmen, die irgendwie mit der Kunststoffverarbeitung zu tun hatten, und viele Karosseriebauer, die den kontinuierlichen Niedergang ihres Gewerbes aufhalten wollten, produzierten mehr oder weniger gelungene Buggykarosserien. Aber auch seriöse Unternehmen waren darunter, Namen, die man heute noch kennt. Vorreiter war die Firma Rudolf Kühn in Hamburg. Sie brachte mit dem HAZ-Buggy 1968 den ersten deutschen Buggy in einer Kleinserie auf die Straße. Beim Karosseriebauer Karmann in Osnabrück entstanden diejenigen Buggys, die das Volkswagenwerk selbst vertrieb, sowie der von der VW-Fachzeitschrift Gute Fahrt 1969 entwickelte Karmann GF.

Statt eines Buggys durfte es auch gerne eine Sportwagenkarosserie sein, die auf das Chassis eines VW Käfer oder NSU TT gesetzt wurde. Der Fantasie setzte lediglich die Straßenverkehrsordnung Grenzen. Die Boliden mit Käfer-Rückgrat imitierten entweder etablierte Traumwagen wie Porsche 904 und Ford GT 40 oder interpretierten das Sportwagen-Ideal neu (und zumeist mehr als eigenwillig). Es entstanden Entwürfe mit Flügeltüren oder komplett aufklappbarem Dach als Einstieg. Je nach Stilgefühl und Können ihrer Schöpfer variierten die Karosserien von hinreißend bis skurril. Diese Mode kam natürlich auch aus den USA, und was sich dort gut verkaufte, wurde in Deutschland teilweise sogar in Lizenz gefertigt. Der bedeutendste Hersteller von Sportwagen auf VW-Chassis war die Firma Fiberfab im kalifornischen Santa Clara. Sie hatte ab der zweiten Hälfte der 60er-Jahre eine deutsche Filiale in Ditzingen bei Stuttgart, später in Ilsfeld-Auenstein, die für eine recht große Verbreitung der Typen Ft Bonito, Aztec und Bonanza GT sorgte. Den Bonito konnte man bis 1979 fabrikneu kaufen.

Ebenfalls sehr populär an Studenten-Enten: Der »Berufsverbote«-Sticker mit Albert Einstein.

Eine andere Mode waren die Repliken (oder: Replicas). Hier nahm der Formenbauer mehr oder weniger viel Anleihe an klassischen Fahrzeugen wie dem MG TF, Bugatti, Mercedes SSK oder dem Porsche 356 und modellierte eine entsprechende Karosserie, sodass sie auf die Käfer-Plattform passte. Mit der Vorbildtreue nahm es niemand sonderlich genau, zumal die Replica durch den vorgegebenen Käfer-Radstand ohnehin dimensional kaum mit dem Original übereinstimmen konnte. Wie bei den Sportcoupés und den Buggys gab es auch hier Meister und Stümper. Allen gemein war ihr improvisierter und provisorischer Charakter, und der größte Unterschied zwischen den einzelnen

»Atomkraft? Nein danke«: Diese freundlich-höflich beantwortete Frage ist das bis heute bekannteste Logo der Anti-Atomkraft-Bewegung. Die dänische Studentin Anne Lund schuf die lachende, rote Sonne mit einem Wachsmalstift im März 1975. Die Größe des größten Aufklebers war wie geschaffen für den Kofferraumdeckel des Citroën 2CV.

Konstruktionen bestand im Verhältnis von Improvisation und Professionalität zueinander. Ebenfalls gemein war ihnen, dass sie niemand völlig ernst nahm. Zu den erfolgreichsten Produzenten solcher Replica-Aufbauten zählten das Autohaus Kühn in Hamburg sowie die Firmen Classic-Car und Scheib.

Ein weiterer Spaßfaktor in diesem automobilistisch spaßlosen Jahrzehnt war die Heraufkunft des Geländewagens. Und auch daran waren die USA schuld, vor allem ihr damals recht wertloser Dollar: Mitte der 70er-Jahre kostete der Dollar 2,50 Mark - zu Beginn des Jahrzehnts war er noch bei 3,50 gewesen - und fiel rasch und heftig: 1977 stand er bei 2,30 Mark, sank 1978 auf glatte zwei Mark und fiel 1979/80 sogar auf nur noch 1,80 Mark. So billig war er noch nie. Eine US-Car-Manie setzte in Europa rasch ein. Und auch wenn diese ebenso schnell wieder abebbte: Mit ihr kamen viele Chevrolet Blazer ins Land.

General Motors startete eine große Offensive in Deutschland, Österreich, der Schweiz und den Benelux-Ländern und bot nicht nur ein komplettes Programm an US-Cars an, sondern fertigte die Wagen, laut Werbung, »in extra für Europa gebauter Qualität«. Das stimmte. Waren die ersten Vertreter der US-Car-Invasion noch normale Chevrolet Chevelle und Pontiac Firebird direkt vom US-Fließband, so setzte GM mit dem im Frühjahr 1978 neu heraus gebrachten Chevrolet Malibu tatsächlich auf Extra-Fahrzeuge für Europa. Sie entstanden auf einer gesonderten Linie des Fließbandes mit speziell geschulten Mitarbeitern, die besonders auf die Verarbeitungsgüte zu achten hatten.

Der Unterhalt dieser Hubraum-Giganten war teuer, weil die Steuer damals ausschließlich nach Hubraum entrichtet wurde. Den hohen Benzinverbrauch relativierte lediglich die Tatsache ein wenig, dass die Motoren mit Normalbenzin betrieben wurden. 1980/81 kippte der Trend schon wieder. Dann bevölkerten die Chevys, Pontiacs und teilweise sogar Cadillac Seville den Gebrauchtwagenmarkt, und niemand wollte sie mehr haben. Einer gewissen Nachfrage erfreute sich eigentlich nur noch der Chevrolet Blazer K5, den Opel mit zwei V8-Giganten unter der Haube (5,0 oder 5,7 Liter) anbot. Der mächtige 6,6-Liter blieb Europa verwehrt. Der Blazer auf der einen und der winzige Suzuki Eljot auf der anderen Seite waren die Begründer der deutschen Off-Road-Mode Ende der 70er-Jahre.

Jeder nannte den kleinen Japaner »Eljot«, aber er durfte so nicht heißen. Es war der erbitterte Kampf zweier Elternpaare um den Namen ihrer Kinder. Beide Familien waren weder verwandt noch verschwägert. Ihre Kinder waren so unterschiedlich, wie Kinder nur sein können, aber beide süß. Das eine Kind der Familie Suzuki war ein klitzekleines Geländewagen. Das andere Kind der Familie Disney war ein Trickfilm-Monster. Beide trugen denselben, aber anders geschriebenen Namen: Suzuki »Eljot« und »Elljot, das Schmunzelmonster«. Das Autochen wurde später getauft als der Drache, und Papa und Mama Suzuki glaubten, sie dürften ihr Kind – zumindest in Europa – »Eljot« nennen, weil niemand einen Mini-Off-Roader mit einer Comicfigur verwechselt. Aber die Disneys sprangen vor den Kadi, und Suzuki musste seinen Jüngsten umtaufen. »Jipsy« sollte der Kleine jetzt heißen, eine Kombination aus »Jeep« und »Gipsy«, das englische Wort für Zigeuner. Doch jetzt moserte Familie Karmann aus Osnabrück. Die hatte sich »Gipsy« längst für ein Wohnmobil schützen lassen, und Papa und Mama Suzuki mussten sich wieder etwas Neues einfallen lassen. Aus »Eljot« wurde prosaisch »LJ«. Das spricht man zwar gleich aus, schreibt es aber anders. Disneys und Karmanns waren zufrieden, und der kleine Suzuki machte sich auf, die Welt und das Konsumverhalten ihrer Bewohner zu verändern.

Psychologisch gesehen profitierte der kleine Suzi vom so genannten »Kindchen-Effekt«: Junge Tiere oder Menschen mit hoher Stirn, großem Kopf, großen Augen und Ohren bei kleinem Körper findet jeder süß. Suzilein fand auch jeder süß. Der Eljot war gerade so groß wie ein Fiat 500, wirkte durch die großen Räder und Scheinwerfer nochmals kleiner. Das Auto war völlig offen und höher als breit. Damit sah er so nett und süß aus – obwohl er eigentlich als Militärjeep für die Australier entwickelt worden war –, dass viele ihn einfach kaufen mussten, den armen Kleinen. Dass der Jeep-Welpe zwar ein toller Stadtflitzer, ein nettes Strandcabrio und ein klasse Zweitwagen war, in erster Linie aber ein todernster Geländewagen, das merkten sie erst später. Denn im Eljot steckte pure Geländewagentechnik: ein solider Leiterrahmen mit aufgeschraubter Blechkarosserie, zwei blattgefederte Starrachsen, zuschaltbarer Allradantrieb mit Geländereduktion. Diesem Wildfang war allerhand zuzutrauen. Die Frage nach dem Fahrkomfort stellte man besser nicht. Belassen wir es bei der Feststellung: Ja, es gab Blattfedern. Und nein, davon spürte man nichts. Der Suzuki hoppelte munter vorwärts, und das war's.

Überhaupt war das Autofahren in den 70er-Jahren eine ernste Sache. So ernst, dass man es zeitweilig gleich ganz verbot. Symbole dafür sind die autofreien Sonntage, ohne die kein 70er-Jahre-Rückblick auskommt. Die Bundesregierung reagierte auf die politische Krise im Nahen Osten mit dem Energiesicherungsgesetz vom 9. November 1973. Sie verfügte Tempolimits und verhängte vier autofreie Sonntage am 25. November sowie am 2., 9. und 16. Dezember 1973. Es gab wenige Ausnahmen (Ärzte, Taxis, Frischwarenlieferanten) und die Polizei kontrollierte streng. Die Deutschen hielten sich an das Verbot und manche machten sich einen Jux daraus, an den Sonntagen mit dem Fahrrad über die Autobahn zu fahren. Aber Benzin wurde nicht merklich eingespart. Selbst im Renn- und Rallyesport hinterließ die Energieverknappung ihre Spuren. So wurden bei der Rallye-Weltmeisterschaft 1974 populäre Läufe wie die Rallye Monte Carlo, die Akropolis- und die Schwedenrallye abgesagt. Auch sonst hatte die Ölkrise Auswirkungen auf den Alltag: Fußball-Flutlichtspiele wurden abgesagt, um Energie zu sparen, öffentliche Baudenkmäler wurden nachts nicht mehr angestrahlt, Schulhausmeister reduzierten die Temperatur im Klassenzimmer auf 18 Grad, Beamte waren gehalten, für Dienstfahrten die Bahn zu benutzen. Letztlich hatte das Ganze eine ideologische Dimension. Doch für die Autohändler war die Zeit katastrophal. Fahrzeuge über 1,3 Liter Hubraum wurden zu Ladenhütern. Überhaupt blieben Neuwagen bei den Händlern stehen. Die Zulassungsstelle der Stadt Ulm meldete im November 1972 noch 655 Neuzulassungen, ein Jahr später waren es nur 539. Auch das Gebrauchtwagengeschäft stagnierte: Es waren trostlose Zeiten, aller Vielfalt zum Trotz.

Der Beach Buggy, das automobile »California-Dreaming« einer ganzen Generation junger Amerikaner, stand für das Lebensgefühl damals an High Schools und Colleges und schwappte mit zeitlicher Verzögerung über den großen Teich. Buggys wurden in Do-it-yourself-Manier in der heimischen Garage auf ausgedienten Käfer-Chassis selbstgebaut oder fertig gekauft. Selbst im VW-Ausstellungsraum ging es 1974 lustig zu: Neben einem zivilen VW 181 wartet ein Maplex-Buggy auf einen Käufer.

Ein Freizeitfahrzeug, kein Buggy und kein Geländewagen - irgendetwas dazwischen. Der Citroën Méhari stand Pate, er, der nicht nach Deutschland importiert werden durfte, mangels Allgemeiner Betriebserlaubnis. Die Idee war dennoch gut und rief Nachahmer auf den Plan, so auch die griechische National Motor Company (Namco) in Saloniki. Namco baute mit Citroën-2CV-Technik den Pony, aber mit Stahl- statt Kunststoffaufbau.

Nicht unbedingt eine Lifestyle-Alternative zu den Buggys, aber geländegängig und jedem ehemaligen Soldaten vertraut: Vieles sprach für den DKW Munga als Freizeitfahrzeug, den die Bundeswehr in den 70er-Jahren reihenweise ausmusterte und der billig zu haben war. Der Vierzylinder des Opel Kadett passte hervorragend unter die Haube, und schon war der DKW salonfähig. Es war ein Phänomen der 70er-Jahre, dass die größten Gegner des Militärs gerne ausgediente Bundeswehr-Accessoires benutzten. Die Standardjacke jedes Atomkraftgegners war der Bundeswehr-Parka oder, noch besser, die Jacke aus Beständen der US-Militärs.

Ein »Bugatti« gehörte bald zu den vertrauteren Anblicken auf Deutschlands Straßen, so wie hier in Köln im Frühsommer 1977. Wer richtig viel Geld hatte, gönnte sich indes die Crème de la Crème in Sachen Replica, einen amerikanischen Excalibur. Er sah aus wie ein Mercedes SSK von 1928 und erschien Mitte der 60er-Jahre. Er begründete den Replica-Trend in den USA, der, wie immer, mit Verzögerung nach Europa herüberschwappte.

Ein Geländewagen hatte bis zu den beginnenden 70er-Jahren nichts mit Lifestyle zu tun. Ein Geländewagen war ein harter Knochen, der gut schuften konnte, und wenige Menschen haben ihn gebraucht. Toyota offerierte in Deutschland ab 1974 den Land Cruiser J4, in Österreich und der Schweiz schon viel früher. Denn dort waren sie gut in den alpinen Regionen zu gebrauchen.

Ein anderes Kaliber ist der Range Rover, 1970 erschienen. Er war die Vorhut einer neuen Gattung. Als Komfort-Geländewagen hatte er ein Jahrzehnt lang eine Alleinstellung. Erst 1979 erwuchs ihm Konkurrenz in Gestalt des Mercedes-G-Modells. Der Station Wagon, der bei Rover unter Spencer Kings Federführung entstand, sollte ein Alleskönner werden.

Von Peter Monteverdi stammte die Idee eines viertürigen Range Rover, die Rover dankbar kopierte. Zuvor hatte er den Safari geschaffen, gebaut zwischen 1976 und 1982. Dabei handelte es sich um eine eigenständige Karosserieschöpfung mit technischen Komponenten des International Scout (Rahmen, Achsen) und Chrysler-Motoren bis zu 7,2 Litern Hubraum.

An Monteverdis Erfolg versuchte Erich Bitter anzuknüpfen. 1976 nahm er sich den Chevrolet Blazer vor, in der sicheren Gewissheit, dass seine Kreation dank des günstigen Dollar-Kurses trotz aufwändiger Umbauarbeiten erschwinglich blieb. Der Prototyp mit der Zulassung GG-XY 5 wurde von der Fachpresse ausgiebig getestet und für interessant befunden. Doch zwischen einem Prototyp und dem Anlauf einer Serienfabrikation liegen Welten, konstruktiver wie investiver Art. Es blieb beim Unikat.

Der Caprice Classic ist der richtige Wagen für bisherige Opel-Diplomat-Käufer. Der Unterhalt dieser Hubraum-Giganten war teuer, weil die Steuer ausschließlich nach Kubikzentimetern entrichtet wurde. Der natürlich hohe Benzinverbrauch wurde durch Normalbenzinkonsum etwas relativiert. Dieser in Hamburg zugelassene Caprice wurde jenseits des Eisernen Vorhangs fotografiert, auf der Leipziger Frühjahrsmesse 1979. Das erklärt das hohe Aufkommen an Wolga GAZ-24 in seiner unmittelbaren Nähe.

Kapitel 3

Sicher ist sicher

Upps, der ist futsch. Anfang der 70er wurden die Forschungen in Sachen Insassensicherheit verstärkt, Crashtests wurden immer mehr zur Norm. Um die Kunde vom neuen 1302, dem stabilen Käferlein, in alle Lande zu tragen, luden die Wolfsburger zum großen Foto-Happening und setzten im Januar 1973 einen gegen die Wand. Immerhin: Die Fahrgastzelle blieb erhalten.

Die 70er-Jahre machten die Autos sicherer. Innen wie außen. Man sieht es ihnen an. Es sieht nicht immer gut aus. Man hat sich daran gewöhnt, langsam aber sicher. Denn sicher ist sicher. Am sicheren 70er-Jahre-Auto tragen zwei die Schuld. Sie heißen Ralph Nader und Chevrolet Corvair.

Heckflossen, die in den Himmel ragen. V8-Motoren mit Hubräumen jenseits der acht Liter. Chromblitzende, teils bizarre Karosserien, die nicht von dieser Welt scheinen. Das war der amerikanische Autoalltag, bevor der Corvair erschien. Alle US-Marken trieben ihre Stilblüten bis zum Exzess, und als Chevrolet den Corvair brachte, markierte er eine Zäsur: Er war eine stilistische Normalität in unnormalen Zeiten, und deswegen stach er hervor. Er war das krasse Gegenteil des automobilen Gigantismus: ein vorbildlich klares und nüchternes Design, eine vernünftige Größe, darüber hinaus eine mit allen Traditionen brechende Technik. Der im Herbst 1959 präsentierte Chevrolet Corvair hatte einen im Heck eingebauten, luftgekühlten 6-Zylinder-Leichtmetall-Boxermotor, zudem eine selbsttragende Karosserie und hintere Einzelradaufhängung mit Längslenkern und Schraubenfedern. Das war bis dato unerhört und nur bei Importwagen üblich. Gegen sie, vor allem gegen den VW Käfer, sollte der Corvair antreten. Die Kunden waren ebenso begeistert wie irritiert. Die Doppelscheinwerfer sahen schick aus, aber an einen Heckmotorwagen ohne Kühlergrill musste sich der US-Käufer erst gewöhnen. Zum Modelljahr 1965 zeigte sich der Corvair in gänzlich neuem Kleid, modischer als zuvor, denn der Hüftschwung machte auch vor dem Vernunft-Chevrolet nicht Halt. Und dann, im November 1968, war alles vorbei: Chevrolet beerdigte die Modellfamilie, und auf ihrem Grab prangten die Worte »Unsafe at any Speed«, unsicher bei jeder Geschwindigkeit.

So lautete nämlich der Titel eines Buches von Ralph Nader, eines politisch aktiven Verbraucherschutzanwalts in den USA. In David-gegen-Goliath-Manier legt er sich gerne mit Großkonzernen an, und am Anfang seiner Karriere steht sein Buch gegen die US-Autolobby, allen voran GM. In diesem 1965 erschienenen Skandalbuch geißelte er die mangelnde Sicherheit der Autos im Allgemeinen, speziell derjenigen auf dem US-Markt. Und als Paradebeispiel dafür diente ihm der Chevrolet Corvair. Ihn bezeichnete er als gefährliche Heckschleuder, wie überhaupt alle Heckmotor-Autos. Zudem kritisierte er den mangelnden Insassenschutz von Cabriolets bei Überschlägen. Naders Kritik war zwar harsch und ideologisch verbrämt, aber in ihrer Substanz auch gerechtfertigt.

Auch wenn der Corvair starb: Unzählige Fahrzeuginsassen verdanken ihm ihr Leben, denn Nader zwang die Autokonzerne weltweit dazu, sich dem Thema Insassenschutz und Verkehrssicherheit zu widmen. Auch die Politik wurde aktiv und erließ entsprechende Gesetze und Zulassungsbestimmungen, denen sich die Autohersteller unterwerfen mussten. Nach Naders Kritik wurde nicht nur die Corvair-Produktion eingestellt. Die US-Autoindustrie baute in der Folge auch jahrelang keine Cabriolets mehr, und der US-Markt war für importierte Roadster lange Zeit tabu. Der Porsche 911 Targa wurde nicht zuletzt deshalb mit integriertem Überrollbügel und nicht als Vollcabrio konstruiert, damit er in den USA zulassungsfähig war.

Und auch die Umwelt verdankt Auto-Kritiker Nader eine ganze Menge: Im Januar 1970 fanden in New York vor dem Hauptquartier von General Motors die ersten Demonstrationen gegen Luftverschmutzung statt, und als Hauptverantwortlichen brandmarkte Nader das Automobil. Mit dem neuen Jahrzehnt begann auch der Kampf gegen die Luftverschmutzung. Die US-Regierung, allen voran die kalifornische, übte wachsenden Druck auf die Industrie aus, dem sich auch die europäischen Autofirmen nicht entziehen konnten. Henry Ford II resümierte das Jahr 1970, nannte die Vergangenheit das »goldene Zeitalter des Automobils« und sprach vom »Ende einer Ära«. Der Chefredakteur der schweizerischen Auto-Publikation *Auto-Jahr*, Ami Guichard, sprach in der Ausgabe 1971/72 von einer »Luftverschmutzungs- und Sicherheitspsychose«, prognostizierte aber: »Es kann so nicht weitergehen.«

Tat es dann auch nicht, auch wenn Nader und seine Anhänger, zu denen letztlich auch die bundesrepublikanischen Anhänger der Technologieverteufelung gehörten, weit über das Ziel hinausschossen. Naders Schelte - und die steigenden Kraftstoffpreise - zwangen letztlich die Industrie in die Knie. Fahrzeuggröße und Verbrauch wurden in der Werbung zum Thema, und auch die Insassensicherheit wurde wichtiger als PS-Zahlen (oder besser »kW«, denn die gute alte Pferdestärke hatte ausgedient und musste am 1. Januar 1978 offiziell dem abstrakten »Kilowatt« weichen).

Internationale Sicherheitskonferenzen der Autoindustrie knüpften an Naders Argumenten an, die Firmen wetteiferten mit einander teilweise widersprechenden Sicherheitskonzepten, um Nader und seinen Anhängern zu gefallen. Das Ergebnis waren die »Experimental Safety Vehicles« (ESV) der Jahre 1970 bis 1973, die letztlich nur noch mehr Benzin ins Feuer gossen. Aus der Sicht des Ingenieurs bewegten sich diese Fahrzeuge nämlich teilweise an der Grenze des Absurden. Die Behörden, allen voran die amerikanischen, aber auch die deutschen, setzten die Anforderungen so hoch, dass die Industrie fürchtete, sie technisch und konstruktiv kaum erfüllen zu können. Das galt etwa für die Abgasvorschriften in Kalifornien. Und der Blei-

Erst 1983 durften sich Porsche-Fans über einen völlig offenen Neunelfer freuen. 1965 erschien der 911 Targa mit seinem charakteristischen Überrollbügel in vorbeugendem Gehorsam auf damals noch nicht gesetzliche Restriktionen in Folge der durch Ralph Nader angestoßenen Sicherheitsdiskussion. Obendrein wurde der Porsche ab dem Modelljahr 1972 normalbenzintauglich, denn hochoktanigen Sprit gab es im Hauptexportland USA nicht mehr an der Zapfsäule. Dennoch vermochte es Porsche, dem Neunelfer nichts von seiner Faszination zu nehmen. Im Bild Coupé und Targa des Modelljahrs 1972 in typischen 70er-Jahre-Farben.

gehalt im Benzin hatte auch zu sinken. Auf der anderen Seite befürchteten die Regierungen die möglichen Folgen für die Automobilindustrie und malten mit ganz, ganz schwarzen Farben Handelsbilanzdefizite, Rückgang von Steuereinnahmen, Streiks, weniger produzierte Fahrzeuge und Arbeitslosigkeit an die Wand.

Der Industrie und der automobilen Öffentlichkeit fehlte es an Dialektik: Nader und seine Anhänger vermochten Thesen aufzustellen, die Verfechter des Automobils aber versäumten, Antithesen zu formulieren. Die Reaktionen auf Naders Thesen führten zu einem plan- und formlosen Gewurschtel, und der Kotau seitens der Industrie vor dem Zeitgeist bescherte der Welt theoretische (ESV-)Automobile, in denen das Fahren eine Plage gewesen wäre, man aber jeden Unfall genossen hätte.

Jenseits aller Diskussionen: Es konnte nicht so weitergehen. Auf den Straßen der Bundesrepublik starben jährlich Tausende, und nie so viele wie im Jahr 1970, als von den knapp 60 Millionen Westdeutschen rund jeder Vierte ein Auto hatte. Damals verzeichnete die Statistik 19.193 Verkehrstote und 531.795 Verletzte im Straßenverkehr. Industrie und Gesetzgeber ergriffen Gegenmaßnahmen. Das war mitunter unpopulär und fast immer umstritten, aber unbestreitbar wirkungsvoll: Zum Ende des Jahrzehnts starben noch 13.041 Menschen auf den Straßen, während die Statistik des Jahres 2024 noch 2780 Verkehrstote und 363.000 Verletzte aufweist. Der Fahrzeugbestand liegt inzwischen bei rund 61 Millionen Autos.

Und in jedem fahren die in den 70er-Jahren eingeführten oder zumindest projektierten Errungenschaften zur Steigerung der Sicherheit im Straßenverkehr mit: Daimler-Benz stellte 1971 das zusammen mit der Firma Teldix entwickelte ABS-System vor und verbaute es ab 1978 serienmäßig in der Mercedes S-Klasse W 116. Es kamen Stahlgürtelreifen mit Karkassengewebe aus Nylon auf, und Dunlop experimentierte mit Spezialreifen, die im Falle des plötzlichen Luftverlustes nicht von der Felge springen konnten. Neuwagen mussten ab 1970 eine Warnblinkanlage aufweisen, Altfahrzeuge bis 1973 nachträglich damit ausgerüstet sein. 1972 wurde Tempo 100 auf Landstraßen eingeführt (und kurzfristig auf 80 km/h während der Ölkrise herabgesetzt), und auf der Autobahn galt jetzt die Richtgeschwindigkeit von 130 km/h - eine Empfehlung, nicht mehr. 1973 wurde die 0,8-Promille-Grenze zur Pflicht und Neuwagen mussten mit Dreipunktgurten auf den Vordersitzen ausgerüstet werden. Die allgemeine Anschnallpflicht gilt seit 1976, und die S-Klasse W 126 war das erste deutsche Serienauto mit Airbag, GM bot auf dem US-Markt bestimmte Typen bereits seit 1974 damit an. Wer sich nicht an die neuen Bestimmungen halten mochte, fand sich ganz schnell in der »Flensburger Verkehrssünderkartei« wieder. Die wurde 1973 eingerichtet, ebenso wie der einheitliche Telefonnotruf 110. Drei Jahre zuvor setzte der ADAC den ersten Rettungshubschrauber ein.

Technisch tat sich sowieso eine ganze Menge. Die Fahrwerke wurden besser, nicht nur durch neue Hinterachskonstruktionen, die allmählich die Starrachsen ersetzten, sondern auch durch die allgemeine Verbreiterung der Spur. Eine neue Lenkgeometrie, der »negative Lenkrollradius« machte den Vorderradantrieb spurbeständiger, zugleich wurden beim Frontantrieb die Antriebseinflüsse auf die Lenkung reduziert (hier übernahm Volkswagen eine Vorreiterrolle). Der spurstabile Frontantrieb setzte sich in den 70er-Jahren zwar nur in der Klasse bis 2 Liter und rund 100 PS durch, aber es gab auch stärkere Frontriebler, die Franzosen waren hier der Schrittmacher. Da immer mehr Staaten Geschwindigkeitsbegrenzungen einführten, legten die Konstrukteure mehr Wert auf Fahrkomfort, der ermüdungsfreies Fahren gestattet, als auf eine weitere Steigerung der Höchstgeschwindigkeit. Und die Motoren wurden darauf ausgelegt, mit Benzin niedrigerer Klopffestigkeit auszukommen, weil der Bleigehalt im Benzin reduziert wurde.

Selbstverständlich wird nichts so heiß gegessen wie gekocht, und radikal in die Realität umgesetzt, wie zu Anfang des Jahrzehnts gefordert. Auch wenn man mit den Forderungen teilweise weit über das Ziel hinausschoss: Die Technik machte in diesem Jahrzehnt unbestrittene Fortschritte in Sachen Benzinersparnis, CO_2-Ausstoß und Sicherheit. Die Richtung hat gestimmt, zumindest wenn man den Sicherheitsaspekt in der Betrachtung des modernen Automobils in den Vordergrund stellt. Die Unbeschwertheit aber, der pure Spaß am Gasgeben, der war dahin.

Der Stein des Anstoßes: Chevrolet Corvair des ersten Jahrgangs 1963, aufgenommen im Amberger Schlachthof.

Das ist er. Der Spielverderber. Der Nestbeschmutzer. Schreckgespenst für die Automobilindustrie, gefeierter Held für die Verbraucherschützer. Dem streitbaren Anwalt, hier ein Bild von 1975, verdankt jeder Autofahrer jedoch auch viel.

Gut für die Sicherheit, aber schlecht für den Asphalt waren Spikes. Das waren Winterreifen mit Stahlstiften, die rund zwei Millimeter aus dem Profil herausragten und dafür sorgten, dass sich der Reifen bei Eisglätte quasi festkrallte. In Deutschland betrug die Höchstgeschwindigkeit für Autos mit Spikes 100 km/h, und diese Wagen mussten einen weißen, runden Aufkleber am Heck mit der Zahl 100 tragen, gut zu sehen am Heckfenster des Ford 20m. 1975 wurden Spikes in Deutschland generell verboten. In Österreich und in der Schweiz sind Spikes heute noch erlaubt.

»Eisenbahnschienen« wurden sie genannt, etwas despektierlich. Diese wuchtigen Stoßstangen der Volkswagen-Fahrzeuge, eingeführt 1967, waren eine Reaktion auf die Erfordernisse des US-Marktes, hier zu sehen am VW 1302 und am VW 411 Variant. Links davon ein 3er-BMW, rechts ein Fiat 132.

Der große Ford ab 1972 trug ein sogenanntes Breitspurfahrwerk. Das gab ihm nicht nur ein bulliges und Respekt einflößendes Auftreten, er lag auch recht gut auf der Straße. Die ersten Consul/Granada waren leider zu weich gefedert, was ihre guten Anlagen konterkarierte. Nach der Überarbeitung 1975 hatte der Granada hervorragende Langstreckenqualitäten. Wir sehen einen zweitürigen Ford Consul L der ersten Generation. Hinter dem Consul an der Autobahntankstelle zwei Toyota (Corolla von 1974, dahinter Corona Mk II von 1973), neben ihm ein Mercedes W 123.

In der kleinen Klasse erschienen fast ausschließlich Fronttriebler. Es war das neue Layout der 70er-Jahre, eingeleitet durch visionäre Konstruktionen aus dem vorigen Jahrzehnt wie dem Autobianchi Primula und dem Simca 1100: quer eingebauter Frontmotor, Frontantrieb und Zweivolumenkarosserie mit großer Klappe. Man nennt das heute »Golf-Klasse«. Aber der Golf war nicht der erste, sondern allenfalls der populärste Vertreter dieses Genres. Im Bild ein typischer VW Golf L in Resedagrün, typischer geht es nicht.

Da gibt ein Konzern viel Geld aus und entwickelt ein Sicherheitsfahrzeug, immerhin ein Unikat, und bumms - ist es kaputt. Aber es werden Erkenntnisse gewonnen. Dieser Wagen stammt von 1973 und basiert auf der S-Klasse W116.

Und dann waren da noch die neu eingeführten Geschwindigkeitsbegrenzungen, die Kraftstoff sparen und das Fahren sicherer machen sollten. Doch die schönsten Regelungen nützen nichts, wenn man sie nicht kontrolliert. Dieses Ford-Foto zeigt die Gesetzeshüter mit ihrem neuen Dienstwagen, einem Taunus 1600 mit »Sondersignalanlage RTK1« der Firma Hella mit Außenlautsprecher, in der seit 1975 verbindlichen Farbgebung »minzgrün/weiß«. Diese »Technische Richtlinie Funkstreifenwagen« galt überall (nur nicht in Bayern) bis zur Jahrtausendwende. (Foto: Ford)

Kapitel 4

Die Farben der Saison: knalliges Orange und der Grüne Apfel

Alles so schön bunt hier: Porsche-Neufahrzeuge in Zuffenhausen bereit zur Auslieferung. Während die unteren vier Fahrzeuge auf Asphalt parken dürfen, hat man die anderen T, E und S-Coupés oberhalb einfach auf die Wiese gestellt. Das Modelljahr 1972 war das erste mit dem 2,4-Liter-Motor und Frontspoiler, die Aussparung in der Mitte war für die Abschleppöse gedacht. Fröhliche Farben dominieren, sie hießen »Blutorange«, »Signalgelb«, »Vipergrün« und »Hellgelb«. (Foto: Schwab / Slg. Kuch)

1972

erfand Henkel die Prilblume. Pril ist ein Geschirrspülmittel von Henkel, das es heute noch gibt. Die Aktion »Fröhliche Küche« von Henkel war eine unschuldig gedachte Werbekampagne, und niemand hätte damals gedacht, dass die Prilblumen so nachhaltig das Gedächtnis einer ganzen Generation prägen sollte.

Die bunten Blumen, als selbstklebende Abziehbilder (heute sagt man: Sticker) auf den Rückseiten der Geschirrspülflaschen als Bonus für die spülende Hausfrau (»Pril pflegt die Hände schon beim Spülen!«) platziert, bedeckten bald jeden Lebensbereich. Sie zierten Küchenfliesen, Durchlauferhitzer, Schulranzen, Spielzeug und auch Autos. Sie entsprachen vollständig dem damaligen, blumigen Zeitgeist. Ein anderes Produkt ist ebenfalls in Erinnerung geblieben, auch wegen seiner Farbe: die Hautcreme mit Namen »Creme 21« (ab 1973), deren Blechdose in peppigem, leuchtendem Orange gehalten war. In derselben Farbe erstrahlte die Zigarettenpackung der Reemtsma-Marke Ernte 23. Die Teenager fuhren mit orangefarbenen Bonanza-Rädern herum. Orangefarbene Blumenmuster bestimmten die Tapeten in den eigenen vier Wänden, die ausstaffiert waren mit rundlich gestylten Kunststoffmöbeln in Orange, die Küchen dominierten Sperrholzmöbel mit orangefarbenen Folien und ebensolchen Haushaltsgegenständen, Plastikgeschirr in Orange, selbst Büromöbel in Orange – ganz zu schweigen von Kleidungsstücken und Lifestyle-Accessoires. Gerne wurde Orange mit der Farbe Braun kombiniert, und Braun war auch eine typische 70er-Jahre-Farbe. Eine weitere Trendfarbe war poppiges Grün. Wer es nicht leiden konnte, sprach vom »Froschgrün«, wer es mochte, sagte »Apfelgrün«. Apfelgrün gab es nicht nur zum Anschauen, sondern auch zum Riechen: Eine ganze Generation wusch sich die Haare mit Grüner-Apfel-Shampoo, und ganze Schulklassen rochen danach. »Raider« hieß noch »Twix«, die Jungs begeisterten sich für Yps, die älteren für MAD. Und der Bhagwan legte sich eine Rolls-Royce-Flotte zu.

Unter allen poppig-bunten Farben werden Orange und Gelb als die buntesten empfunden. Knalliges Froschgrün, knalliges Hellrot und selbst Schweinchenrosa haben ein dunkles Gegenstück, das Dunkelgrün der Förster und Kleingärtner, Dunkelrot und morbides Lila. Aber Dunkelorange gibt es nicht, denn das wäre Schmuddelbraun, und Dunkelgelb ist auch undenkbar. Orange als Farbe symbolisiert Erfrischung, Fröhlichkeit und Jugend, Orange vermittelt Freude. Das steht im krassen Gegensatz zu den automobilen Farben der 60er-Jahre, die von unbunten, neutralen Grautönen und dunklen Farben dominiert waren. Orange sowie die Prilblumen repräsentieren die »Flower-Power«-Welle, die in den 70er-Jahren von den USA nach Deutschland überschwappte, und den Wunsch nach Weltfrieden mit Blumenmustern, langen Haaren, Schlaghosen und Drogen zum Ausdruck brachte. Gleichsam steht die Farbe für den Aufbruch nach 1968, für einen Neuanfang, für Kraftvolles, Gewagtes, Unorthodoxes, Unkonventionelles.

Orange war hip, trendy und in. Orange war Mode. Und wie alles, was sehr schnell in Mode kommt, geriet Orange auch sehr schnell wieder aus der Mode. Die Deutschen hatten sich sattgesehen an der Farbe. In der zweiten Hälfte der 70er-Jahre kippte die Stimmung gegenüber diesem Farbton. Man empfand ihn als unpassend, als aufdringlich, billig und unseriös. Orange verschwand für lange Jahre aus dem Alltag, die Farbe wurde geächtet. Aber sie prägte das Jahrzehnt. Die 70er werden bis heute sofort mit dieser Farbe in Verbindung gebracht.

Orange reduzierte sich danach wieder auf das, was es ursprünglich war: die Farbe der Stadtwerke und Müllmänner. Orangefarbene Autos starben ebenso aus wie die Fahrzeuge in Braunmetallic in allen möglichen Schattierungen oder das damals so trendige Kupfermetallic, eine ästhetisch sehr fragwürdige Mischung aus Orange und Braun.

In der zweiten Hälfte der 70er-Jahre hielten seriösere Farben wieder Einzug, und die graphisch gestalteten Teppiche wanderten auf den Müll, die Blumentapeten wurden von Raufasertapeten überdeckt, die beliebig oft gestrichen werden konnten, am orangefarbenen Bonanza-Rad ging die Schaltung kaputt, die Plastikmöbel waren ohnehin Wegwerfprodukte und die von der Deutschen Post gestellten Telefonapparate hatten nun ein beigefarbenes oder dunkelblaues Gehäuse.

Konservativen und seriösen Autofahrern, die nicht jede Zeiterscheinung mitmachten und jedem Zeitgeist hinterher hechelten, wurde die farbige Mode unter dem Sicherheitsaspekt aufgezwungen. »Sicherheitsfarben« wurden sie genannt, und Werbebilder zeigten eine neblige Situation, in der dem Betrachter ein graues und ein signalrotes Auto entgegenfuhren. Darunter stand in bester Erhobener-Zeigefinger-Manier, dass der rote Wagen besser zu sehen sei als der Graue (allerdings würde man den Grauen besser sehen, hätte er das Licht eingeschaltet, während der Rote ohne Beleuchtung fährt). Den Sicherheitsaspekt wussten die Autokonzerne bestens auszuschlachten und verkauften die Signalfarben gegen Aufpreis, obwohl es sich um simple Unilacke handelte. Aufpreis kostete auch Metallic. Das war einzusehen, denn zunehmend hatten diese edlen Lacke einen dauerhaften Glanz. Die Industrie schaltete vom Einschicht- zum Zweischichtmetalliclack um. Das heißt, der eigentliche Metalliclack war matt und

70er-Jahre-Farben im Herzen Goslars, vor dem Rathaus mit seinem charakteristischen Brunnen, dahinter die ungleichen Türme der Marktkirche. Das war frisch und froh, nach der Tristesse der 60er-Jahre-Autos. Wo 1973 noch geparkt wurde, ist heute ein reiner Fußgängerbereich. Natürlich.

erhielt seinen Glanz durch eine Klarlackschicht. Anfangs gab es damit Probleme. Die Klarlackschicht löste sich flächig ab, hinterließ wüste Spuren und trieb den Autofahrer zum Autolackierer. Mit den Sicherheitslacken gab es auch Probleme, nach gewisser Zeit. Sie blichen aus, wurden milchig und somit ebenfalls unansehnlich - vor allem bei Laternenparkern, die jahraus, jahrein Wind und Wetter und vor allem der Sonne ausgesetzt waren. Dieses Problem ist bis heute nicht gänzlich gelöst, vor allem rote Autos kreiden aus. Natürlich schafften es die Autokonzerne, sogar Signal- und Metalliclacke miteinander zu kombinieren.

Als Signalfarben blieben die knalligen Töne während des kompletten Jahrzehnts im Angebot. Auch, als ab Mitte der 70er-Jahre Orange längst verpönt war. Braunmetallic hielt sich etwas länger, bis in die frühen 80er-Jahre hinein. Die neuen Modefarben der späten 70er waren so ziemlich das Gegenteil von Knallorange und Poppgrün: Beigetöne in der ganzen Palette zwischen zartem Pastellbraun und wilden Mischungen zwischen Orange und Braun auf der einen Seite und das von VW/Audi kreierte Resedagrün. Resedagrün dominierte fortan knapp zehn Jahre lang die Garagenauffahrten von Vorortsiedlungen und die Parkplätze der Industriegebiete. Alle VW und Audi, vom Käfer bis zum Audi 100, gab es in Resedagrün.

Die 70er-Jahre waren farblich aber auch von einem neuen Werkstoff in Sachen Autokarosserie bestimmt. Aus den USA kam die Mode der Vinyldächer, eine schöne Mode, die heutige Restaurateure vor große und teure Aufgaben stellt. Das zumeist schwarze Vinyldach war ein speziell zugeschnittener Kunstlederüberzug für das Dach. Im Normalfall war der Bezug dreiteilig, und Nähte trennten die drei Teile dekorativ voneinander. Noch komplizierter (und anfälliger) war das Vinyldach, wenn es ein Autodach mit Loch abdeckte: Natürlich war die Außenhaut des Schiebedachs ebenfalls mit Kunstleder bezogen. Das erste Vinyldach, natürlich mit anderer Intention, hatte der Porsche 911 Targa. Sein abnehmbares Dachmittelteil war damit bezogen. Das Vinyldach war einerseits auf einen Retrotrend in den USA zurückzuführen und sollte an die Kutschwagenzeit erinnern. Zum anderen war es eine wehleidige Reminiszenz an die aus Sicherheitsgründen in den USA nicht mehr angebotenen Cabriolets. Ein Auto mit Vinyldach sieht eben aus wie ein geschlossenes Cabriolet. Der dritte Aspekt, womöglich die hauptsächliche Triebfeder für das Vinyldach in Europa, war die Suche nach einem Nachfolger für die Zweifarbenlackierung, die in den 60er-Jahren auslief. In den USA gab es Kunstlederdächer in verschiedenen Narbungen und Farben, in Europa fast ausschließlich schwarz. Ford bot für Capri, Taunus und Granada auch braune Vinyldächer an, ebenfalls Opel für den Diplomat B. Besonders bunt trieb es Opel beim Manta A Berlinetta ab Ende 1972, einem besonders edlen Stück in den Farben Silber, Braunmetallic, Blaumetallic, Dunkelblau oder Tarragonarot mit jeweils zur Außenfarbe passendem Interieur und Vinyldach.

In Deutschland waren Vinyldächer allerdings nicht so beliebt wie in anderen europäischen Staaten. Die Schweizer mochten sie, in den Benelux-Staaten waren sie verbreitet und auf der britischen Insel. Die Italiener und die Franzosen hingegen mochten sie gar nicht. In Deutschland waren Vinyldächer ab 1978/79 völlig out. In England beispielsweise wurden Fahrzeuge noch Mitte der 80er-Jahre mit diesem Extra angeboten.

Es konnte nicht bunt genug sein. Blick auf den Hof des VW- und Porsche-Händlers Mohr in Düren anno 1972. Am buntesten ist der Gebrauchtwagen im Vordergrund, ein Fiat 850 Coupé, aber auch der Porsche sieht aus, als sei er von einem Vierjährigen angemalt worden.

Vinyldächer sahen gut aus. Vinyldächer ließen den Innenraum im Sommer schön warm werden. Vinyldächer bedurften spezieller Pflege, und es war Stammtischgespräch, welche Schuhcreme am besten dazu geeignet sei, das schwarze Dach schön schwarz zu halten. Ein riesiger Nachteil dieses (nicht billigen) Extras war, dass am Fließband gespart wurde: An Wagen mit Vinyldach wurde die Decklackierung des Daches eingespart. Unter dem Vinyldach war nur Grundierung. Wenn ältere Dächer an den Nähten platzten und Wasser eindrang, sorgte dies rasch für sehr unschöne Rostschäden am Dach.

Der VW Passat B2 links sowie der Kadett D neben ihm verraten es: Dieses Bild entstand in den frühen 80ern, wird aber dennoch von 70er-Jahre-Autos in ihren typischen Farben dominiert: Knallrot, Knallgrün, dazwischen ein bisschen Kräuteroliv und Curry- oder Senfgelb - ja, so hießen die Farben damals. Und die Hersteller scheuten sich auch nicht, einem gelben Wagen grüne Sitze zu verpassen.

Die ganze Farbpalette der 70er demonstriert ihre Leichtigkeit des Seins. VW der traditionellen Machart (1600 Variant und Bulli T2) neben Vertretern der neuen, frontgetriebenen Generation (zwei Passat), dazwischen der Interims-K 70, das Adoptivkind. Ganz links zwei Sicherheitscabriolets, ein VW/Porsche 914 und ein Opel Kadett Aero. Der neueste Wagen auf dem Bild ist ein facegelifteter Fiat 127 des Modelljahrs 1978, und die beiden Japaner (Datsun 180 B Kombi im Vordergrund, Honda Accord Limousine im Hintergrund) zeigen auf, was sich die Deutschen damals unter einer voll ausgestatteten Alternative zu teutonischen Autos vorzustellen hatten.

Wochenmarkt im Juli 1978. Die Autos sind mindestens so bunt wie die Planen der beschirmten Stände und das Gemüse darunter. Selbst die Transporter erstrahlen in Trendfarben. Als Vertreter des Einheits-Beige der 60er-Jahre sehen wir einen Ford 17m P7a, einen Mercedes /8 und einen Opel Rekord C Caravan. Vorne ein gelbes Telefonhäuschen. Dort konnte man damals ein Stadtgespräch führen, wenn man zwei Zehnpfennigstücke in den Schlitz warf. Ein Aufkleber im Inneren mahnte den Benutzer: »Fasse Dich kurz«, ein weiterer wies darauf hin: »Dieses Telefon kann Leben retten«.

Der Volkswagen- und Porsche-Händler Fleischhauer in Köln hatte im Herbst 1972 einen ziemlich vollen Hof, und die einzig unbunten Fahrzeuge sind ein älterer Käfer im Vordergrund (aus den Mitt-60ern) und ein schneeweißer VW/Porsche 914 ganz links. Alles andere bunt, bunt, bunt, und der VW-Porsche 914 im Vordergrund mit seiner mattschwarzen Haube und den Zusatzscheinwerfern ist eine Schau!

Die Sonne geht auf: Ein BMW 528, ein hochseriöses Automobil. Die Farbe ist alles andere als seriös, sie ist absolut modisch. Wer diesen Wagen, aufgenommen im Oktober 1976, erwarb, hätte vielleicht daran denken sollen, dass er dafür vier Jahre später als Gebrauchtwagen weit weniger erlöste, als wenn er ein Stahlblaumetallic gewählt hätte. Aber das wäre eben typisch deutsch gewesen.

Kadett C als Irmscher-Sondermodell, vertrieben über das Opel-Händlernetz 1978. Das waren Farben! Schwierig nur, wenn eine Karosseriereparatur anfiel. Die bunten Folienaufkleber waren nicht allzu lange als Ersatzteil lieferbar.

In der zweiten Hälfte der 70er war Orange plötzlich out. Auch die anderen Modefarben waren plötzlich out. Selbst VW bot seine Autos nicht mehr in Resedagrün an. Nun kamen helle Beigetöne in Mode, auf dem Foto repräsentiert vom Opel Ascona B und dem Golf, während der VW Derby im Vordergrund, obwohl kein altes Auto, in seinem Orange wie von Gestern wirkte.

Nochmals eine Szene aus den frühen 70ern in Bad Herrenalb. Der rote Opel Rekord C am linken Bildrand wäre in den späten 60ern wohl kaum rot gewesen, der rote Daf 44 rechts war bei uns ein ziemliches Individualmobil. Der sportliche Manta A in Ocker mit Vinyldach ist ebenfalls ein Repräsentant der Modefarben, während die vorbeifahrende DS schon immer einen Sonderfall darstellte.

28

Kapitel 5

Nur sechs Jahre von der Wiege bis zur Bahre: Von Rostlöchern und Prestolit-bombern

Die Autos der frühen 70er waren nichts für die Ewigkeit, trotz durchaus fortschrittlicher Konzepte. Und fortschrittlich war der Austin Maxi, der im Frühjahr 1970 auf der B28 durch das Renchtal rollt, unbedingt: Schließlich hatte ihn Mini-Erfinder Alec Issigonis nach dem Muster des genialen Kleinwagens konzipiert. Allerdings war die Optik schlichtweg daneben, der Austin wirkte nicht sonderlich attraktiv.

Ein Auto durfte nicht alt werden. Der Markt durfte nicht gesättigt sein. Sonst kauft niemand ein neues Auto. Der Rost, die braune Pest, raffte die Fahrzeuge in den 70er-Jahren dahin. Schon die dritte TÜV-Prüfung geriet zur Zitterpartie, sechsjährige Gebrauchtwagen mit verschwindend geringen Kilometerleistungen wurden geshreddert.

Vor 50 Jahren hielt ein Auto normalerweise maximal zehn Jahre. Der frühe Rosttod hatte keine konstruktiven Gründe. Mit den vielen Hohlräumen der selbsttragenden Karosserie hatten die Karosseriekonstrukteure längst keine Probleme mehr. Die Gründe lagen in anderen Bereichen: geringe Blechstärke, minderwertige Blechqualität, unausgegorene Fertigungsmethoden und natürlich übermäßiger Gebrauch von Streusalz im Winter.

Aus Kostengründen verwendeten einige Hersteller rezykliertes (also wieder aufbereitetes) Schrottblech, teilweise aus der

Sowjetunion. Das hat den Jahrgang 1975 des VAG-Konzerns komplett dahingerafft. Es gibt heute genügend Volkswagen und Audi aus den Jahren 1974 und 1976, aber nahezu kein 1975er Modell hat überlebt. Lancia bemühte sich 1977, auf dem US-amerikanischen Markt (wieder) sesshaft zu werden, stellte diese Ambitionen aber nach nur einem Jahr wieder ein, weil die Wagen schon nach kürzester Zeit Rostschäden aufwiesen. Von einzelnen Marken behauptete der Volksmund, die Autos würden bereits im Ausstellungsraum rosten (noch gemeiner: sie rosten bereits im Werbeprospekt). Italiener und Franzosen hatten damals einen schlimmen Ruf, aber deutsche Wagen waren auch nicht gefeit. Am korrosionsbeständigsten erwiesen sich damals die Mercedes-Fahrzeuge.

Reihenweise wurden Gebrauchtwagen nach Nordafrika und in den Nahen Osten exportiert. Ganze Branchen hatten sich darauf spezialisiert und organisierten den Export. Im Bild eine Fähre nach Tunesien.

Die Verwendung minderwertigen Bleches war übrigens keine Idee von Controlern und Sanierern. Es ging nicht darum, den Kunden Schrott zu verkaufen. Die Ursache der Misere lag vielmehr in der Stahlkrise, der Strukturkrise in der Stahlindustrie. Diese hatte mehrere Ursachen. Die deutsche Stahlindustrie reagierte mit Verkaufskartellen auf die weltweite Überproduktion und hielt damit deutschen Stahl künstlich teuer. Dann kam die Ölkrise 1973/74, in deren Folge die Energiekosten explodierten. Stahlkocherei ist ein energieintensives Geschäft, und so wurde deutscher Stahl noch teurer. In anderen Ländern indes wurde die Stahlproduktion staatlich hoch subventioniert, was diese Produkte für europäische Hersteller plötzlich preislich interessant machte. Entwicklungsländer bauten mit Entwicklungshilfegeldern (unter anderem aus Deutschland) moderne Hütten- und Stahlwerke direkt ans Meer und belieferten den Weltmarkt. Auch die Sowjetunion entwickelte sich zum bedeutenden Stahlexporteur. Und weil schon damals Rohstoffe so billig wie möglich eingekauft wurden, deckten sich einige Automobilhersteller dort ein, wo der Stahl besonders günstig war. Und das war er dort, wo viel und schlecht aufbereitetes Altmetall zum Einsatz kam. Dieser Recycling-Schrottstahl dubioser Herkunft entwickelte sich zum Image-Bumerang. Das war sicherlich nicht die Absicht der Herren Einkäufer, aber diese Fehlentscheidungen wurden eben erst in ihrer Spätwirkung mit einigen Jahren Verzögerung ruchbar, und da war die Sache nicht mehr rückgängig zu machen. Der Imageschaden war immens, manche Marken litten sehr lange darunter. Denn es ist weit schwieriger, einen schlechten Ruf wieder loszuwerden, als einen guten Ruf zu verlieren.

Ebenfalls ein Grund für die schlechte Karosseriequalität waren neue Fertigungsmethoden am Fließband. Zunehmend wurde der Mensch durch die Maschine ersetzt. Roboter machen, sofern sie richtig programmiert sind, keine Fehler. Sie richtig zu programmieren, ist aber eine Kunst. In den 70er-Jahren nahmen die Automatisierungsprozesse am Band rapide zu, und wie bei jeder Veränderung gab es auch hier Anlaufschwierigkeiten, die einen automobilen Jahrgang völlig ruinieren konnten.

Das freute die Werkstätten. Die Autozubehörläden. Und die Karosseriebauerzunft. Sie alle erlebten eine Hochphase. Man erstellte keine Spezialkarosserien mehr, sondern schweißte durchgerostete Alltagswagen TÜV-fähig. Ein kompletter Industriezweig lebte davon, mehr oder weniger passgenaue Reparaturbleche anzufertigen, die durch Punktschweißen und anschließende Verwendung von viel Spachtelmasse und Autolack aus der Sprühdose im Do-it-yourself-Verfahren auf das verrostete Originalblech gebrezelt wurden. Die »Karosseriewerkstatt im Taschenformat« (so ein Werbeslogan für Auto-K-Lack von Peter Kwasny) beinhaltete neben der Farbspraydose auch einen kleinen, viel zu harten Pinsel, ein winziges Stückchen Schmirgelpapier und ein kleines Gebinde dubioser Spachtelmasse. Die Konkurrenz zum Auto-K-Lack kam von Vogelsang (Marke Duplicolor).

Wer nicht schweißen konnte oder wollte, half sich mit Prestolit aus. Eine dreckige und schmierige Angelegenheit: Glasfasermatten wurden mit einer Mischung aus Härter und Binder, deren Verhältnis genau stimmen musste, eingeschmiert und über das Rostloch gelegt. Einen Tag später war die Pampe trocken und konnte geschliffen und lackiert werden. Für den TÜV (damals Monopolist) war dies ein Graus. Der Prüfer hantierte mit einem handelsüblichen Schraubenzieher, das Horrorszenarium für den Wagenbesitzer. Ein Schlag gegen die neuralgische Stelle, der Schraubenzieher bohrte sich durch das kranke Blech, und die begehrte Plakette rückte in weite Ferne. Da halfen alle Tipps und Tricks findiger Autofahrer wenig. Einer ging so: Man fährt im Winter bei fiesestem Schmuddelwetter zum TÜV. Zuvor war der Wagen in der Waschstraße gewaschen worden, damit er gut aussieht. Dann eine Fahrt durch den ekligsten Schneematsch. Dem Prüfer in der Grube trieft die Salzlake auf den Kopf, und der Autofahrer hofft, dass der Prüfer dadurch keine Lust auf intensive Untersuchung hat und/oder nichts findet. Doch die TÜV-Prüfer waren nicht blöde, manchmal aber waren sie niederträchtig.

Spätestens in den 70er-Jahren wurde das Automobil zum reinen Konsumgut und war kein Luxusartikel mehr. Es wurde

Auch eine Möglichkeit, beliebt bei Abenteurern: In Nordafrika, den ehemaligen französischen Kolonien, waren und sind Peugeot-Wagen das bevorzugte Transportmittel. Im Bild ein endfertiger Peugeot 504 Break. So ein Wagen kostete damals maximal 200 Mark, und er war technisch noch zu allerlei fähig - auch, um auf eigener Achse nach Afrika zu fahren. Im Bild eine Sahara-durchquerung, der Peugeot als Bestandteil eines Konvois. Der Reingewinn am Ende der Reise deckte die Unkosten. Was bleibt, ist die Erinnerung an eine fantastische Reise.

täglich genutzt, auf dem Weg zur Arbeitsstätte, auf dem Weg zum Supermarkt, auf dem Weg in die Schule - jahraus, jahrein, sommers wie winters. Schmutz, Salzmatsch und Feuchtigkeit lagerten sich in den zerklüfteten, selbsttragenden Karosserien ab und krochen in jeden Winkel und in jede Versteifung, in jede Traverse und jede Blechüberlappung. Natürlich gab es einen werksseitigen Korrosionsschutz, das Kataphorese-Tauchbad. Die Karosserie wurde in einem Tauchbad elektrochemisch beschichtet, was garantierte, dass der Rostschutz wirklich in jeden Winkel, in jeden Falz eindrang. Unvergessen ist die Fiat-Werbung, die das Bild zweier Fiat-128-Rohkarossen auf einem Felsenriff in der salzhaltigen Meeresbrandung zeigt, die eine nur grundiert, die andere mit einem Kataphorese-Tauchbad behandelt. Die Werbung suggerierte, dass die nur grundierte Karosserie binnen kürzester Zeit verrostet und die mittels des elektrochemischen Verfahrens behandelte ewig lang vom Rost verschont bliebe. Mag sein, dass das der Tatsache entsprach, nur: Fiat hatte irgendwie vergessen, seine Fahrzeuge solcherart zu imprägnieren. Es sind Fiat-Fahrzeuge bekannt, die sogar Rostlöcher im Dach trugen - aber nicht nur Fiat.

Vollverzinkte Bleche und Heißwachsflutung sind Kinder der 80er-Jahre, Überlegungen wie beispielsweise von Porsche zum Thema Langzeitauto waren die Ausnahme. In den 70ern schützte man seinen Wagen mit Dinol- oder Teroson-Unterbodenschutz, und wenn man dies versäumte, schmierte man faustgroße Rostlöcher mit Prestolit zu - bis dass der TÜV uns scheidet. Und kraft seines Amtes schied der uns rasch von unserem Prestolitbomber. Damit es nicht so rasch zum klinischen Tod des Wagens kam, haben Menschen, die ihren Besitz bewahren wollten, selbst Hand angelegt (respektive Hand anlegen lassen) und ihren Wagen mit Unterbodenschutz behandelt. Eine dreckige Angelegenheit, und eine typische Tankstellen-Angelegenheit. Der Tankwart verfügte über Schaubilder für jeden Wagentyp mit genauen Hinweisen, wo er nachträgliche Bohrungen in der Karosserie anbringen musste, um einen Sprühkanal für sein Konservierungsöl oder -wachs zu erhalten. Dinol nannte man damals »Schwedenhonig«, weil Volvo und Saab das Mittel zuerst in Serie verwendeten. Einen Geheimtipp gab es auch: Man kaufe ein rotes Auto. Rot deckt bekanntlich nicht so gut, und so ging die Mär, dass rote Autos mit einer dickeren Lackschicht versehen waren als andersfarbige Fahrzeuge, und die Farbschichtdicke setzte die Allgemeinheit mit besserem Rostschutz gleich - ebenfalls eine Illusion.

Weil (fast) alle Autos gleich schlecht waren, konnte der Kunde niemanden abstrafen. Man musste sich damit abfinden, dass die Autos nicht lange hielten. Aber dann wurde es selbst den Herstellern zu dumm. Es macht sich nicht gut, wenn das Straßenbild geprägt wird vom eigenen Produkt, dieses aber verrostet und vergammelt aussieht. Einige Hersteller kauften systematisch Fahrzeuge bestimmter Jahrgänge auf, um sie zu verschrotten (zum Beispiel der Volkswagen-Konzern das Modelljahr 1975, Citroën den CX von 1975/76). Darüber wurde nicht gesprochen. Es lief auch nicht so ab, dass Aufkäufer im Namen des Herstellers auf der Straße Autobesitzer ansprachen. Nein, es ging anders, subtiler: Händler waren angewiesen, bestimmte Gebrauchtwagen, die sie beim Neuwagenkauf in Zahlung genommen hatten, nicht weiterzuverkaufen, sondern auf Kosten des Hauses zu verschrotten. Dadurch kann man zwar nicht einen gammeligen Jahrgang vollständig eliminieren, aber man schafft es schon, ihn um eine erkleckliche Anzahl zu reduzieren. Den Rest besorgt der Rost.

Die Technik war gut. Damals hatte jeder Benzinmotor, der ordentlich PS leistete, auch ordentlich Hubraum. Ein Dieselmotor war ein Metallklumpen ohne elektronischen Schnickschnack, kein hochgezüchtetes Wunderwerk. Von einer technischen Entwicklung in Sachen Motor kann man in den 70er-Jahren nicht sprechen. Die Aggregate waren dauerhaft, ausgereift und gut. Die Technik überlebte die Karosserie bei Weitem. Ein gewichtiges Argument ist die Übersichtlichkeit und Beherrschbarkeit der damaligen Technik. Wer ansatzweise Geschick hatte, konnte seinen Wagen selbst reparieren, was heute nicht mehr der Fall ist. So konnten Fahrzeuge technisch am Leben erhalten werden, die heute den Weg alles Irdischen gehen müssten. Wer die Motorhaube eines 70er-Jahre-Wagens öffnet, bekommt etwas zu sehen - nämlich den Motor. Und sogar seine Anbauteile. Alles ist klar definiert und klar gegliedert. Ein Motorraum bot damals meist mehr Platz als der Motor mitsamt seiner Zusatzaggregate in Anspruch nahm. Der Betrachter sieht den Vergaser, den Zylinderkopfdeckel, er sieht die Zündkabel und kann, wenn er ihnen mit den Augen folgt, die Zündkerzen entdecken. Vorne am Motor, zwischen dem Block und dem Kühler, ist das Lüfterrad. Gut sichtbar und jederzeit abklemmbar, ohne einen Kollaps zu verursachen, befindet sich die Batterie. Wer ein wenig sucht, findet sogar den Verteilerfinger und den Unterbrecherkontakt. Herz, was willst du mehr? Einen Auspuff konnte ein guter Schrauber selbst auswechseln. Die Bremsen, meistens vorne Scheiben und hinten Trommeln, ebenso. Was sollte am Fahrwerk kaputtgehen? Die damaligen Vorderradaufhängungskonstruktionen waren quasi 30 Jahre alt (Dreiecklenker, Traggelenk, Radlagergehäuse und daran den Dämpfer geschraubt), die starren Hinterachsen stammten aus der automobilen Steinzeit und waren höchstens auf DeDion-Niveau – was zwar ein hohes Niveau für eine starre Hinterachse war (die »Krönung der Starrachse«, sagte man), aber das Patent stammt von 1893.

Immerhin wurden die hinteren Starrachsen zunehmend mit Schrauben- statt mit Blattfedern garniert. Hintere Einzelradaufhängungen wurden immer populärer und feiner, die Pendelhinterachse wurde geschmäht, die Schräglenkerhinterachse war das Maß aller Dinge in den 70er-Jahren (und wurde in den 80ern zunehmend von der Raumlenkerachse verdrängt). Neu waren allenfalls die Vorderradaufhängungen der zunehmend frontgetriebenen Fahrzeuge, teilweise sogar mit negativem Lenkrollradius. Das war noch nicht ausgereift. Man spürte bei den Fronttrieblern beim Lenken die Antriebseinflüsse stark, und deshalb kaufte man ab einer gewissen Leistungs- und Hubraumklasse nach wie vor lieber einen Hecktriebler (ab ungefähr 1,8 Litern und 90 bis 100 PS). Fronttriebler waren nervöse und zappelige Autos, Hecktriebler strahlten Ruhe, Gelassenheit und Gediegenheit aus.

In Autowerkstätten hielten Computer langsam Einzug. Computer? Na ja, was man damals eben für einen Computer hielt. Volkswagen/Audi warb mit dem Diagnosestecker im Motorraum. Einmal den Motor an das Diagnosegerät angeschlossen, und jedes Wehwehchen wird auf dem Display angezeigt. Darüber lächelt man heute, damals war das eine Revolution. Die kontaktlose Zündung hielt Einzug, das war das erste Wetterleuchten der Elektronik im Alltagswagen.

Richtige Elektronik und viel Grund zum Schimpfen gab es, wenn man auf die Gasfabrik verzichtete und sich einen Einspritzer kaufte. Natürlich mussten dann keine sechs nebeneinander montierten Weber-Doppelvergaser mehr aufeinander abgestimmt werden. Dafür gab es andere Probleme. Die mechanische Benzineinspritzung, hauptsächlich bei Mercedes verwendet, wurde zunehmend durch die elektronische Einspritzung ersetzt, und die war anfangs eine delikate Angelegenheit. In Europa populär war die Bosch-Einspritzung, zunächst die D-Jetronic. VW verwendete sie zunächst bei den US-Exportversionen, ab 1967 auch im Heimatmarkt (VW 411 E, VW/Porsche). Zwei Jahre später folgte Daimler-Benz mit dem 250 CE, 1970 Opel mit dem Commodore GS/E. Die nächste und schon wesentlich zuverlässigere Bosch-Generation war die K-Jetronic, nun wieder mechanisch. Sie machte Deutschland langsam aber sicher zum Einspritzer-Land. Nicht nur der Porsche 911 war damit ausgerüstet, auch die Populär-Sportler Audi 80 GTE (ab 1975) und VW Golf GTI (ab 1976). Dennoch setzten viele Hersteller weiterhin auf die vermeintlich fortschrittlichere elektronische Einspritzung. Jaguar verbaute beim

XJ 12 eine von Lucas in Lizenz gebaute D-Jetronic. Anfangs brachte sie die Fahrer zur Verzweiflung, was aber hauptsächlich daran lag, dass die Werkstätten mit der Elektronik hoffnungslos überfordert waren. In der zweiten Hälfte des Jahrzehnts verschwand die D-Jetronic sukzessive, die Hersteller verwendeten weiterentwickelte Bosch-Systeme (entweder die mechanische K-Jetronic oder die modifizierte elektronische Einspritzung L-Jetronic).

Letztlich bereitet heutigen Enthusiasten der 70er-Jahre-Autos die damalige Technik kaum Probleme. Dann schon eher die Ersatzteilversorgung. Seit VW für eine Golf-Variante das in den 70ern geläufige Mittelklasse-Limousinen-Reifenformat 175 SR 14 wiederverwendet hat, sind sogar neue Reifen für Rekord, Granada & Co. kein Problem mehr.

Nur der bleihaltige Sprit, den diese Autos so gerne süffeln, ist nach wie vor eine Herausvorderung..

In der Kiesgrube oder auf dem Truppenübungsplatz gab es allsonntägliche Autocrossveranstaltungen. Es ging heftig zur Sache. Gefahren wurde, bis nichts mehr ging. Den Rest erledigten Bulldozer. Im Bild ein Mercedes 280 SE Automatik in Horizontblau. Eine stilvolle Art, Autocross zu fahren.

Dieses Foto ist symptomatisch für den Rosttod der 70er-Jahre-Autos. Winterliches Schmuddelwetter, wie es sich jeder Autofahrer für sich und seinen Wagen wünscht, eine Salzlake vom Feinsten. Die Aufnahme stammt von 1973, die meisten Wagen sind recht modern. Der Ford P5 wird wohl seinen letzten Winter erleben. Und auch der Mercedes W 116 wird keine Chance haben, jemals zum Oldtimer zu reifen.

Früher war das »Winterauto« beliebt. Man kaufte sich im Herbst eine alte Gurke mit einem halben Jahr TÜV bis zum kommenden Frühling. Die Faustregel lautete: Jeder Monat TÜV kostet 100 Mark. Ein Winterauto war also für 500 bis 600 Mark zu haben. Aber nicht jeder Eigentümer eines schönen Wagens wollte sich ein halbes Jahr lang in einen ausgelutschten Ascona setzen, sondern die Fahrt im 450 SLC oder im schönen Volvo 164, auf dem Bild zu sehen, ganzjährig genießen. Diesen Luxus bezahlte er teuer, wenn er sein Oberklassefahrzeug nach einigen Jahren mit Rostpickeln und anstehenden Schweißarbeiten verkaufen wollte.

Der Versuch, das Unvermeidliche aufzuhalten: Entrosten, Spachteln, Schleifen, und das Ganze zum Schluss mit Duplicolor oder Auto-K wieder ungefähr in Wagenfarbe bringen, nicht ohne zuvor großflächig abzukleben - in den Vorortsiedlungen ein gewohntes Samstagmittag-Bild. Im Hintergrund das Heck eines Fiesta, der dem Escort II längst schon den Rang abgelaufen hatte. (Foto: Kuch)

Teilweise bevölkerten sechsjährige Wagen mit 80.000 Kilometern Laufleistung die Schrottplätze. Nicht auf Grund eines Unfalls, sondern einfach, weil sie total verrostet waren.

Der Volksmund dichtete den Italienern und Franzosen eine besondere Rostaffinität an. Aber das war Schönfärberei. Die Deutschen rosteten genauso. Allenfalls der Mercedes bewies damals Standfestigkeit. Dafür hatte er 20 Jahre später, in den 90ern, ein Rostproblem, als die meisten Mitbewerber damit nicht mehr zu kämpfen hatten.

Einen Versuch wert: Porsche baute ein paar 911er aus bestem Edelstahl, rostfrei, langlebig, sehr teuer. Zur Demonstration, wie edel der Stahl ist, verzichtete Porsche auf eine Lackierung. John Z. DeLorean machte es ein paar Jahre später nach. Aufnahme 1977 in England.

Hier wankelt er um die Kurve: Der Mazda RX-3, mit dem der japanische Hersteller in Deutschland Fuß fassen wollte. Für den Start hatte das Unternehmen die Coupé-Variante der Modellreihe 818 mit Wankelmotor im Angebot, die deutsche Presse ließ an dem teuren Japaner und seiner hinteren Starrachse nur wenig Gutes: Die Tester der Zeitschrift *mot* sprachen in ihrem Fahrbericht von den »letzten wahrhaft atemberaubenden Abenteuern der Landstraße«. (Foto: Schwab / Slg. Kuch)

Kapitel 6

Die »Gelbe Gefahr« oder: Wie das Abendland doch nicht unterging

»

Die gelbe Gefahr« ist ein Schlagwort, ähnlich dem »Untergang des Abendlandes«, das gerne für ganz andere Dinge hergenommen wird als ursprünglich vorgesehen. Der Begriff stammt aus der Kolonialzeit, er lebte im Zusammenhang mit Automobilimporten aus Japan wieder auf, und die Absicht blieb gleich: Es sollten Ressentiments geschürt werden. Denn japanische Automobile machten den etablierten Herstellern in den 70er-Jahren schwer zu schaffen.

Von deutschen Herstellern gab es zu attraktiven Preisen nur mager ausgestattete Fahrzeuge. Jedes Mehr an Ausstattung ließen sie sich extra bezahlen, seien es Kopfstützen oder Sicherheitsgurte: Teilweise war noch nicht einmal für die Grundbedürfnisse des Wohlfühlens gesorgt. So beinhaltete bei Opel, Ford, Audi und VW erst die L-Version einen Teppich, während bei der nackten Basis Gummimatten den Boden bedeckten. Und das sogar in der 2-Liter-Klasse, der gehobenen Mittelklasse.

Schon die Franzosen ärgerten die westrheinischen Nachbarn durch gut ausgestattete Fahrzeuge. Die Japaner taten es noch mehr. Um ihre Produkte am Markt platzieren zu können, schickten sie aus ihren Fabriken nur komplett ausgestattete Fahrzeuge nach Übersee. Die Wagen hatten serienmäßig an Bord, wofür sich die Deutschen fürstlich entlohnen ließen - teilweise richtig teure Dinge wie ein Radio oder sogar ein automatisches Getriebe. Wie sonst hätten sie ihre Produkte auf dem europäischen Markt durchsetzen können? Mit der durchaus hohen Verarbeitungsqualität alleine ging es nicht, das Styling der frühen Japaner entsprach eher dem heimatlichen oder dem US-Geschmack als dem europäischen. Und ein neues Produkt hat es immer schwer, wenn es gegen alteingesessene Konkurrenz antreten möchte.

Die deutsche Fachpresse warnte vor der »gelben Gefahr« und ließ Toyota, Mazda, Datsun & Co. regelmäßig gegen deutsche Autos in Vergleichstests verlieren. Und nicht alles war Meinungsmache, denn die »Reisschüsseln«, »Schlitzaugen«, »Japsen« und wie immer sie genannt wurden, verfügten über antiquierte Fahrwerke, simple Technik, ein verquollenes Design und einen miserablen Wiederverkaufswert. Aber sie hatten große Karosserien mit Platz für eine Familie, waren gut ausgestattet, preiswert und solide gebaut. Und manche hätten ebenso gut auch aus Köln oder Rüsselsheim stammen können, denn in der zweiten Hälfte der 70er-Jahre geriet das Design mehr und mehr nach europäischem Geschmack, wurde nüchterner, klarer und allmählich technisch zeitgemäßer.

Toyota war in Europa seit den 60ern präsent, so in der Schweiz (Importeur Emil Frey ab 1967), den Benelux-Staaten, Großbritannien und Skandinavien. Die deutsche Toyota-Niederlassung in Köln ab 1970 geht auf den alteingesessenen Importeur Woodhouse in Köln-Braunsfeld zurück, der sich zuvor mit MG und Morris einen Namen gemacht hatte. Der erste in Deutschland verkaufte Toyota war ein Corolla Coupé am 18. Februar 1971. In diesem Premierenjahr brachte man 883 Fahrzeuge auf die Straße, Corollas und Carinas. Bis Ende 1972 konnte Toyota immerhin 332 Händler verpflichten, 1976 wurden 17.000 Fahrzeuge umgesetzt, Ende 1977 vermeldete Toyota-Deutschland 750 Händler. Die österreichische Generalvertretung nahm 1971 ihre Tätigkeit auf.

Eine deutsche Niederlassung gründete Mazda 1972, der Vertrieb begann ein Jahr später. In der Schweiz ist Mazda seit 1968, in Österreich seit 1969 aktiv. Die ersten nach Deutschland importierten Wagen waren ein viertüriger Mazda 818 sowie ein Coupé, gefolgt vom 616 und dem Wankel-Coupé RX-3. Mazda hatte von Anfang an eine besondere Stellung auf dem deutschen Markt, weil man Serienfahrzeuge mit Wankelmotor anbot. Vor allem der RX-7 sorgte für einen gewissen Nationalstolz: Nachdem der NSU Ro 80 sanft entschlafen war, konnten die Deutschen »ihren« innovativen Motor im Mazda kaufen. Nissan, damals noch unter dem Namen Datsun, ist seit 1973 in Deutschland präsent, zunächst mit vier Importeuren, die zwei Sunny-Varianten und den Bluebird ins Land brachten. 1976 feierte Datsun in Deutschland den 50.000sten verkauften Wagen. Die Namensumstellung von Datsun auf Nissan erfolgte übrigens erst 1982. Relativ spät entschloss sich Mitsubishi zum Deutschland-Engagement. Erst 1977 gründete der Importeur Hans Trapp-Dries Mitsubishi-Deutschland und startete mit dem Galant, kurz darauf folgten Celeste und Lancer, 1978 das Coupé Sapporo auf Galant-Basis und der erste Colt.

Honda ist seit 1962 als Motorradmarke auf dem deutschen Markt, im Oktober 1966 importierte Honda die ersten kleinen Sportwagen, den S 800 als Coupé und Cabriolet, bald darauf den Kleinwagen N 600, nahm ihn aber wegen Erfolgslosigkeit wieder vom Markt. Tatsächliche Erfolge feierte Honda in Deutschland aber erst ab Sommer 1974 mit dem kompakten Civic, der richtige Durchbruch gelang mit dem Accord 1976, der eine echte Alternative zu europäischen Wagen der unteren Mittelklasse darstellte. Daihatsu kam erst spät und wurde ab 1979 von Walter Hagen in Krefeld importiert. Suzuki war zwar seit 1969 mit Motorrädern in Deutschland vertreten, der Autoimport startete jedoch erst 1980. Auch Subaru ist seit 1980 in Deutschland aktiv.

Der Vormarsch der Japaner mischte den deutschen Automarkt auf. Ansonsten war das Jahrzehnt in Bezug auf Firmenfusionen und -pleiten eher ruhig. NSU war 1969 Teil von Audi und somit Volkswagen geworden. Der Konzern ließ die Marke weiterleben, weil sie als Synonym für den Wankelmotor stand, mit dessen Lizenzen Volkswagen Geld verdienen konnte. Deswegen wurde der wirtschaftlich nicht

Anfänglich war der Ro 80 ein Problemkind. Die Motoren gingen reihenweise kaputt - zum einen, weil die Besitzer nicht damit umgehen konnten, zum anderen, weil die NSU-Werkstätten mit der neuen Technik überfordert waren. Statt zu reparieren, bauten sie Austauschaggregate ein, was NSU an den Rand des Ruins trieb. Dieser Ro-80-Fahrer hatte Vertrauen zu seinem Wagen. Er fuhr damit auf der Transitautobahn in Richtung DDR. Hätte er dort einen Schaden gehabt - niemand wäre in der Lage gewesen, ihm zu helfen.

rentable Ro 80 bis Juli 1977 gebaut. Volkswagen konnte schlecht die Wankel-Lizenz verkaufen und den Motor preisen, wenn kein aktuelles Auto mit diesem Motor gebaut wurde. Außerdem freute sich der VW-Vorstand, im repräsentativen Ro 80 fahren zu dürfen. Ein Audi 100 machte als Chefwagen weit weniger her.

Chrysler USA hielt seit 1958 Anteile an der französischen Marke Simca und stockte sie bis 1971 auf 100 Prozent auf. Das im November 1971 erschienene Topmodell der Marke sollte nicht, wie ursprünglich geplant, Simca 1800, sondern Chrysler 180 heißen. Obwohl der Name Chrysler sehr propagiert wurde, setzte er sich in Europa nicht durch. Der Chrysler-Pentastar prangte an jedem Simca, und ab 1977 stand »Simca« nur noch auf dem Kofferraumdeckel, während auf der Motorhaube »Chrysler« zu lesen war, aber die Kunden sprachen immer noch und ausschließlich vom Simca. Bis Herbst 1979. Dann übernahm Peugeot die Marke, Chrysler zog sich aus Europa zurück. Die Simca hießen mit Vornamen jetzt »Talbot«, doch egal ob Chrysler/Simca oder Talbot/Simca oder später, bis 1986, nur Talbot: Man sprach vom Simca.

Der Mazda RX-7 war der erste Wankelwagen von Mazda, der in Deutschland einen Verkaufserfolg aufweisen konnte. Er war schön gezeichnet, und seine Frontpartie erinnerte an den Porsche 924, war aber 6000 Mark preiswerter als dieser. Zwischen 1978 und 1985 wurden fast eine halbe Million Exemplare des RX-7 alias Savanna gebaut, er war der bisher erfolgreichste Wankelwagen überhaupt. Wir sehen hier in Braunschweig hinter dem roten Ford Fiesta, einen Mazda RX-7 der ersten Baureihe.

Namensrochaden gab es auch in Großbritannien bei British Leyland. Das ist eine komplizierte Gemengelage. Die Kurzfassung: Der British-Leyland-Konzern war durch eine Reihe von Fusionen entstanden. In den 30er-Jahren vereinnahmte Morris die Marken MG, Riley und Wolseley. Zusammen bildeten sie die »Nuffield Organisation«. Diese fusionierte 1952 mit Austin zur »British Motor Corporation« (BMC). Daran schloss sich Jaguar an, nachdem die Firma bereits Daimler übernommen hatte.

Der Nutzfahrzeug-Hersteller Leyland hatte sich durch Erwerb der Firma Standard-Triumph zum Pkw-Produzenten unter dem Namen »Leyland Motor Corporation« (LMC) hochgeangelt, 1967 stieß Rover hinzu. Im Folgejahr vereinigten sich die BMC (da schon BMH, kurz für British Motor Holdings) und die LMC zu »British Leyland Motor Corporation« (BLMC). In den frühen 70er-Jahren war die britische Automobilindustrie von immensen Streiks übermächtiger Gewerkschaften gequält, die Qualität der Fahrzeuge war unterirdisch, keinerlei Fristen konnten eingehalten werden, die Kunden rannten in Scharen davon. 1975 wurde der gesamte Konzern verstaatlicht, um den drohenden Bankrott zu vermeiden, immerhin ging es um über 170.000 Arbeitsplätze. Der im selben Jahr präsentierte Wagen der oberen Mittelklasse, noch als Austin, Morris und Wolseley erschienen, sollte nach nur sechs Monaten ausschließlich Princess heißen und diese neue Marke durchsetzen. Es gelang nicht, zu sehr verwurzelt waren die traditionellen Namen. Unter neuer BL-Leitung formierte sich 1978 die Jaguar-Rover-Triumph Ltd. Soweit es die Dekade betrifft, ist die Geschichte hier zu Ende, die in den sich anschließenden Jahrzehnten folgenden Verkäufe, Übernahmen und Firmenaufspaltungen, die dazu führten, dass Rover sich heute in chinesischer, Mini in deutscher und Jaguar in indischer Hand befindet, wären ein eigenes Buch wert.

Die Japaner brachten schöne Sportwagen nach Deutschland. Der Nissan Fairlady Z 432 von 1969, den wir als Datsun 240 Z kennen, kam im Frühsommer 1975 mit größerem 2,6-Liter-Sechszylinder auf den deutschen Markt.

Und dann war da noch der Amalfi. Ein deutsches Auto, das Mitte der 70er-Jahre jeder kannte. Aber es war in keinem Katalog zu finden. Es gab auch keine Produktionsstätte. Aber es gab die Fernsehserie PS - Geschichten ums Auto des Autors Robert Stromberger, in drei Staffeln im Fernsehen ausgestrahlt. Zu einer Zeit, als es nur drei Fernsehprogramme gab, war dieser Wagen bekannter als jeder japanische oder britische Importwagen. Die Serie handelte vom fiktiven Autohaus Neubert und dessen Kunden, dem Ärger mit einem beständig kaputten Wagen, Mauscheleien in der Werkstatt und kriminellen Handlungen rund um Gebrauchtwagen. Der Hauptdarsteller des Films, der dauerdefekte Mittelklassewagen, hieß Amalfi CS 1800.

Der Markenname Amalfi war erfunden, ebenso wie derjenige des Autokonzerns, der ihn gebaut hatte (Atlantis) und dessen Vertretung das Autohaus Neubert innehatte. Um Schadenersatzklagen im Vorfeld zu vermeiden, wurde ein ebenso einmaliges wie durchschnittliches Auto kreiert, eben der Amalfi. Er basierte auf einem Fiat 132 und wurde durch geschicktes Anbringen von Anbauteilen anderer Fahrzeuge wie VW und BMW so verfälscht, dass man ihm den Fiat kaum mehr ansah. Später, nach Beendigung der Dreharbeiten, wurde der gelbe Amalfi von einer Fernsehzeitschrift verlost.

Hondas Domäne waren die kleinen 360-cm^3-Kistchen. Für den Export wurde den Zwergen ein Schlückchen mehr Hubraum eingeschenkt, 600 cm^3. Ein paar luftgekühlte Honda N 600 verkaufte Honda in Deutschland, und ganz rare Vögel waren die Coupés auf ihrer Basis, der Honda Z.

Typisches Früh-70er-Jahre-Design aus Japan, etwas verbaut, etwas verquollen, radikaler Coke-Bottle-Style. Damals war er zu amerikanisch. Den Datsun Cherry schätzte man in den Benelux-Staaten, in der Schweiz und in Großbritannien - aber weniger in Deutschland.

Er symbolisiert die zweite Generation der »Japsen« in Deutschland. Sie passten sich rasch an den hiesigen Geschmack an und feierten bald große Erfolge. Der im Dezember 1978 in Deutschland präsentierte Colt A150 war damals der meistverkaufte Mitsubishi, und seine Besonderheit war das sogenannte 4+2-Getriebe, also eine Viergang-Box mit zwei Vorgelegen. Im Bild ein Dreitürer als deutscher Notarzt-Wagen.

In Deutschland war er allenfalls ein Liebhaberstück. In Österreich war er Kulturgut, Volkswagen und Nationalstolz in einem - das Pucherl. Er hatte einen von Steyr entwickelten, luftgekühlten Boxermotor und übernahm die Karosserie des Fiat 500. Von 1957 bis 1975 war der Steyr-Puch das österreichische Volksautomobil, und trotz rigider Lizenzklauseln kamen auch etliche nach Deutschland. Sie wurden in den kleinsten Motorsportklassen erfolgreich eingesetzt. Der abgebildete Wiener Puch ist ein 650 T (1962 bis 1969) und war, wie man der Türe ansehen kann, ursprünglich weiß lackiert.

Derselbe Wagen von hinten. Hier sieht man seine Karosseriebesonderheiten gut, die ihn vom Fiat 500 unterscheiden: Die Motorhaube ist eine Eigenkonstruktion, ebenso wie das nach hinten erhöhte Dach, das den Fondpassagieren ein Jota mehr Kopffreiheit gönnt. Die unproportioniert großen Rücklichter sehen fast schon wie Ansätze zu Heckflossen aus, und die Felgen sind auch anders als beim Fiat. Der Steyr Puch 650 T hatte 20 PS aus 643 cm³. Es gab Versionen, da boxerten bis zu 41 PS im Pucherl.

Ein ganz anderes Kaliber war der holländische Daf. Ambitionierte Autofahrer lehnten ihn ab, weil er so brav war. Für die Niederländer war er das Nationalautomobil. Im Bild eine belgische Straßenszene mit Daf 55 Coupé vor Mini und Volvo Amazon, vis-à-vis ein französischer Matra Sports M 530.

Diese amerikanische Dodge-Monaco-Limousine gehörte keinem Nachtclub-Besitzer und keinem Zuhälter, sondern stand in diplomatischen Diensten, was der Aufkleber »CD« (Corps Diplomatique) anzeigt, ebenso wie ihr Kennzeichen. Auch die schwarzen S-Klassen, links ein W108 und rechts ein W116, die Polizeiautos im Hintergrund sowie die Herrschaften auf dem Foto demonstrieren: Hier ist etwas Hoheitliches im Gange.

Hochkaräter waren und sind Exoten, eine Liebhaberangelegenheit, manchmal unpraktisch, doch niemals billig. Im Bild ein Bitter CD mit zwei für ihn maßgeblichen Herren. Links Karl Baur, der Inhaber der Stuttgarter Karosseriebaufirma, die den Aufbau des Bitter produzierte, und rechts Erich Bitter selbst, der Mann hinter dem CD.

Heute ein gehüteter Klassiker der allerbesten Sorte, damals ein Sportwagen, den man auf dem Großparkplatz unbewacht stehen ließ: Lamborghini Jarama S, von 1972 bis 1976 gebaut, unsauber eingeparkt am 27. Mai 1976 neben einem Knudsen-Taunus.

Er hatte nicht so viele Fans wie der Jarama, denn er sah biederer aus. Einen begeisterten Anhänger hat der De Tomaso Longchamp offensichtlich. Mit Kennerblick werden die Leichtmetallfelgen inspiziert. Viele Anbauteile lieh sich de Tomaso von Serienfahrzeugen: Scheinwerfer vom Granada, Alfa-Rücklichter.

Was für ein Kaliber! Unter Ford-USA-Ägide eine Arbeit des Ingenieurs Gian Paolo Dall'Ara, des Schöpfers des ersten Lamborghini. Die brutale Form ist ebenso eine Tjaarda-Kreation wie später der brave Longchamp. Der Pantera sollte im Wesentlichen in den USA über das Ford-Vertriebsnetz verkauft werden, was anfangs ab 1972 gut funktionierte, nach der Ölkrise und wegen großer Qualitätsmängel ab Mitte der 70er-Jahre aber nicht mehr. Nach Deutschland kamen einige Exemplare, wir sehen im März 1978 einen Pantera GTS. Wo immer ein solches Fahrzeug auftauchte, fand es Bewunderer, Enthusiasten, aber auch Kritiker. Ignoranten fand es kaum.

Vollblüter, total verdreckt, aufgenommen 1975 in der morbid-romantischen Atmosphäre eines Werkstatt-Hinterhofes. Jaguar E-Type V12 Serie III Roadster in US-Version, zugelassen mit amerikanischem Besatzungskennzeichen. Irgendetwas an ihm ist kaputt, weswegen er auf eine Reparatur beim Leyland-Händler wartet. Und weil dieser auf das Ersatzteil wartet, wurde der Jag ganz nach hinten verfrachtet.

Die Jungs kannten ihn aus dem Autoquartett, aber nicht von der Straße. Dieses Sportcoupé trug den schönen Namen »Lotus Europa« und den Motor des Renault 16 in Mittelmotoranordnung. Er lag auf der Straße wie ein Gokart und war prädestiniert für Rennen. Wie beim Elan Stahlrahmen mit Kunststoffkarosserie, im Bild die erste Serie.

In den S-Klasse-Bereich stieg BMW erst 1977 mit der 7er-Reihe auf. Ein 733i war eine Alternative zum Mercedes 280 SE, ein wuchtiger, eindrucksvoller Wagen. Der erste 7er der Baureihe E23 wurde im Mai 1977 präsentiert, und in diesem Monat sehen wir ihn brandneu beim Händler. An der Zapfsäule trinkt ein Ford Granada.

Doppelscheinwerfer, Frontspoiler, schicke Alus - so stellte man sich in den 70er Jahren einen adäquaten 3er-BMW vor. Der sechszylindrige 323 mit K-Jetronic-Einspritzung und zwei Auspuffendrohren war das erstrebenswerte Yuppie-Fahrzeug. Fast alle Fahrzeuge bekamen die typischen Alpina-Zierstreifen verpasst. Das musste einfach sein.

Ein dunkelroter 02er-BMW in der lauschigen Kleinstadt. Alltagstauglich, familientauglich, renntauglich - eigentlich zu allem tauglich. Leider auch zu schweren Unfällen tauglich, mit einem unerfahrenen Pilot am Steuer. Herr Kaiser von der Hamburg-Mannheimer freute sich nicht, wenn ein junger Unteroffizier einen BMW 2002tii bei ihm versichern wollte.

Oft bevölkern alte Mercedes das Straßenbild. Das war 1974 so, ist so und wird immer so sein. Ein Mercedes ist ein haltbares Auto, in der Anschaffung teuer genug, dass er wohl nie als reiner Konsumgegenstand gesehen wird. Die langen Stangen, mit denen der Mercedes W110 beladen ist, zeigen das Hobby von Mister Schlaghose: Er ist Drachenflieger.

Die 70er-Jahre waren geprägt vom »Strich-Achter«, wie die Mercedes-Baureihen W 115 (Vierzylinder und Diesel) und W 114 (Sechszylinder) landläufig genannt werden. Im Bild ein früher W 115 (der Sechszylinder hatte doppelte Stoßstangen) in typischer Farbe im vorweihnachtlichen Erding, im Hintergrund die Kirche St. Johann, Aufnahme Dezember 1973.

Eine unübertreffliche Breite. Gemessene 1,87 Meter, gefühlte 2 Meter. Die S-Klasse W116 ist ein großer Wagen, und Chefstilist Friedrich Geiger betonte die Horizontale. Der Mercedes W116 vereint in sich Opulenz, Macht, Größe und ein klein wenig Arroganz.

Jede aktuelle Mercedes-Mittelklasse bestimmt das Taxigeschehen, und der W123 war der erste, den es ausschließlich in Hellelfenbein gab (RAL 1015). Der Vorgänger, der /8, erlebte noch die schwarze Taxilackierung. 1971 wurde in Westdeutschland die offizielle Taxifarbe von Schwarz in Hellelfenbein geändert, heute besteht die Pflicht nicht mehr.

Deutschland war damals Käfer-Land. Der VW war ein klassenloses Fahrzeug. Der Uni-Professor konnte ihn ebenso fahren wie sein Student, der Hauseigentümer wie sein Mieter. Der Unternehmer musste sich nicht schämen, wenn er den Käfer seiner Frau auf den Chef-Parkplatz stellte. Damals fuhr man einen Käfer hauptsächlich aus Überzeugung.

Der Käfer hielt sich lang. Erstens war er ein stabiler Zeitgenosse, zweitens gab es so viele von ihm, dass sich garantiert immer und überall ein älteres Exemplar unter die anderen mischte. Als diese Aufnahme 1973 gemacht wurde, war das VW 1300 Cabriolet im Vordergrund bereits ein alter Herr. Aber nicht nur er. Auf der anderen Straßenseite ist ein alter Ford Taunus 12m, der »Streifentaunus« zu erkennen, dessen statistisches Verfallsdatum auch längst überschritten war. Vor dem VW: Ascona A, Alfa Romeo 1750, Peugeot 404.

Fröhliche Käferwäsche durch fromme Frauen. Den Heckschriftzug verlor der Käfer zum Modelljahr 1975, und dieser konkrete Schriftzug »Volkswagen« ist etwas Besonderes. Er war nämlich für den US-Markt bestimmt. Aber als Ersatzteil konnte man ihn auch in Europa erwerben und in die Löcher der Motorhaube stecken, in denen sonst »VW 1302 S« oder »VW 1303 L« stand.

Goslar, Marktstraße, Ecke Schuhhof. Die parkenden Autos repräsentieren quantitativ und qualitativ den Durchschnitt des Jahres 1973: Käfer, Opel, als Exot allenfalls ein Audi 100 Coupé S. Rechts ein Karmann Ghia Coupé (»Sekretärinnen-Porsche«), damals noch fabrikneu zu haben. Völlig out of date lebte es bis 1974, der Scirocco wurde sein Nachfolger.

Konstruktiv ein Käfer, aber eine Nummer größer war der VW Typ 3. Ein qualitativ gutes Auto, aber eben nicht auf der Höhe der Zeit. Er verkaufte sich, weil er ein VW war. Aber letztlich konnte die Konkurrenz alles besser. Neue Front- und Heckgestaltung zum Modelljahr 1970, vorne länger, ein Viertel mehr Stauraum und Eisenbahnschienen-Stoßfänger.

So modern sah 1970 kein anderer Volkswagen aus. Doch die Produktion des NSU-Erbes war unwirtschaftlich, denn es gab keinerlei Synergien mit anderen VW- oder Audi-Produkten. Insgesamt wurden 211.127 VW K70 hergestellt, heute eine Rarität. Einen davon sehen wir 1977 im Schwarzwald, weiter vorne zeigt uns ein eleganter Peugeot 604 sein Heck.

»Erdbeerkörbchen« sagten die einen. Die anderen nannten den Überrollbügel despektierlich den »Griff zum Wegschmeißen«. Das Golf Cabriolet, ab Frühjahr 1979 bei Karmann gebaut, war anfangs umstritten. Es wurde am Flair des offenen Käfers gemessen, und dieses erreichte es niemals. Pfiffig der Slogan zur Einführung: »Der luftgekühlte Golf«.

Er war der erste der neuen Frontantriebs-Generation (zu welcher der K 70 als Adoptivkind nicht gezählt werden darf), der in Emden gebaute Passat als Nachfolger des Heckmotor-1600ers. Letztlich war er ein Audi 80 mit schrägem Heck. Anfangs gab es ihn sogar mit kleinem Kofferraumdeckel, was zu einem Schrägheckauto überhaupt nicht passen mag.

Das Original des VW Polo war der Audi 50, die letzte Arbeit des Chefkonstrukteurs Ludwig Kraus, der die Frontantriebs-Generation bei VAG zu verantworten hatte. Den Audi 50 hatte jeder lieb, seine Billigversion, den VW Polo nicht. Nur ein halbes Jahr nach seiner Präsentation im Frühjahr 1974 folgte der kleine VW, der ihn alsbald auffressen sollte.

Mit der zweiten Audi-100-Generation, dem Typ C2, griff man direkt nach den Sternen und nahm Mercedes langsam aber sicher und schmerzlich einige Kunden weg - zumindest diejenigen, die sich in dieser Klasse einen Frontantrieb vorstellen konnten. Auch sonst war der neue 100er fortschrittlich. Immerhin hatte das Topmodell einen 136-PS-Motor mit fünf Zylindern.

Nochmals die beiden konzerninternen Konkurrenten, VW K 70 und Audi 100 (dieser sogar im Doppelpack). Im Vordergrund ein Ford 15m P6 Coupé in der RS-Version, die Antwort von Ford auf den erfolgreichen Opel Rallye Kadett. Die RS-Modelle gab es nur in Rot oder Silbermetallic, sie trugen schwarze Rallyestreifen, schwarze Grills und in diese integrierte Zusatzscheinwerfer. Besonders hübsch sind die verchromten Sportstahlfelgen.

Es gab ihn auch als Kombi, der bei Ford traditionell Turnier heißt, aufgenommen in einer lauschigen Gasse in Hildesheim. Seine Karosserie im Coke-Bottle-Style entsprach eher dem britischen als dem kontinentaleuropäischen Geschmack, und wenn ein Escort von sich reden machte, dann am ehesten die heiße RS-2000-Version.

Der ADAC entschloss sich für den Escort Turnier als Straßenwachtfahrzeug, und unter dieser Dauerbelastung bewährte sich der Wagen gut. Der ADAC-Turnier zeigt die mattschwarzen Stoßstangen der Grundausstattung, Hilfe wird gerade an einem VW Jetta (»Rucksack-Golf«) geleistet, auf der Überholspur ein weißer Mercedes Strich-Achter.

Mit größeren Glasflächen und großer Heckklappe (als Reaktion auf den Scirocco) erschien 1975 der Ford Capri II, der 1978 zum definitiven Capri III wurde (im Bild in der luxuriösen Ghia-Version). Damals war das konservative Konzept Frontmotor und Heckantrieb aus der Mode. Aber es passte zum Capri, und der Wagen vermittelte unheimlich viel Fahrspaß.

Die Deutschen überließen das Kleinwagensegment viel zu lange den Italienern und Franzosen und wurden durch das Duo Audi 50/VW Polo aufgerüttelt. Ford brachte 1976 den als Bobcat entwickelten Kleinwagen Fiesta, hergestellt in einem extra für ihn gebauten Werk im spanischen Valencia. Ein durchschlagender Erfolg, dem Opel zunächst nichts entgegenzusetzen hatte.

Ein blauer Ford Taunus XL des Baujahrs 1974 vor alpiner Kulisse. Sein Design war sehr amerikanisch. »Viel Auto fürs Geld« lautete die Devise. Viele Käufer schätzten das repräsentative Äußere. Aber die Mehrheit bevorzugte die Schlichtheit des Konkurrenten Opel Ascona A.

Der Nachfolger des Ford P7b, 17m, 20m und 26m, hieß ab 1972 Consul und Granada. Consul war die einfachere Version, hier als Taxi zu sehen, angetrieben von zwei MS (= Menschenstärken). Der Wagen war groß, mächtig, ausladend, repräsentativ, bot viel Platz, hatte, zumindest als Granada, wunderbare und nahezu unkaputtbare V6-Maschinen mit viel Durchzug, aber wenig Leistung. Sein Fahrwerk war dank hinterer Einzelradaufhängung gut, aber während der ersten drei Jahre eindeutig zu weich abgestimmt.

Auch den Ford Transit liebten die Türken, und der Volksmund in Deutschland verballhornte die Modellbezeichnung von »Transit« in »Türkspeed«. Im Bild ein 1972 in der Türkei aufgenommener »Türkspeed«, eine Kleinbus-Version aus den späten 60er-Jahren.

Der zweite Granada, hier als schweizerisches Fahrzeug in feiner Ghia-Ausstattung und mit 2,8-Liter-Vergasermotor zu sehen, erschien im Herbst 1977 und setzte die Tradition fort: viel Auto fürs Geld. Der Stil war ein anderer, die Technik blieb weitgehend gleich. Der ungeliebte englische 3-Liter-Essex-Motor (für dessen Wartung man britisches Zoll-Werkzeug benötigte) verschwand zugunsten einer neuen Version des Kölner V6 mit 2,8 Litern, eingespritzt satte 160 PS stark.

Knallroter Kadett B der letzten Produktionsserie ab August 1971 mit schwarzem Kühlergrill. Interessant in der Reihe ist allenfalls der Audi Variant, und als Überlebender einer anderen Epoche gibt sich der Ford Taunus 17m P3, die »Badewanne« aus den frühen 60er-Jahren. Aufnahme 1972 in Celle.

Unter dem Projektnamen 1450 entstand der Nachfolger für den Kadett B. Doch die Kluft zwischen Kadett und Rekord war mittlerweile zu groß geworden. So wurde das Projekt 1450 zum »Ascona«. Als Nachfolger des Kadett B entwickelte Opel das General Motors T-Car, in Kontinentaleuropa als Kadett C vermarktet. Hier parkt ein pastellgrünes Exemplar mit neben einem Ascona B.

Er war nicht so schnell, wie er aussah. Deshalb schuf Opel mit dem GT/E den ultimativen Manta A in dessen letztem Modelljahr 1974. Er lief nur 17 Monate lang vom Band und ist dementsprechend rar. Der 1,9-Liter-S-Motor kam dank Einspritzung auf 105 statt 90 PS. Nun vergingen nur noch 10,8 Sekunden für den Spurt auf Tempo 100, und der Manta GT/E rannte 192 km/h schnell - das Traum-Auto für Manta-Fans.

Brav, bieder, gefällig, zuverlässig, solide. Der Opel Ascona B hatte keine herausragenden Eigenschaften, weder gute noch schlechte. Er war ein durchschnittliches Auto für durchschnittliche Menschen. Derjenige im Bild nicht, der bewegte sich jenseits des Durchschnitts. Er gehört zur »Weißen Flotte« von Opel-Haustuner Irmscher, ein scharf gemachter Ascona 2.0 SR in interessanter Lackierung. Kleinserie, Aufnahme des Neuwagens im September 1979.

Der Manta Cargo, entstanden auf dem Manta CC, war ein Shooting Break im britischen Stil, realisiert bei Pollmann in Bremen. Es blieb beim Einzelstück, das noch heute in Hannover existiert. Der Manta CC, ein Coupé mit schrägem Heck und großer Klappe, wurde 1978 nachgeschoben. Der Capri hatte die große Klappe, der Scirocco hatte sie auch. Also benötigte sie der Manta ebenso.

Commodore GS 2.8 Berlina in diplomatischen Diensten, in der damaligen Bundeshauptstadt Bonn 1975 hinter einem schwarzen Mercedes W108 fotografiert. Sicherlich kein Wagen für den Herrn Konsul, aber ein feiner Dienstwagen für einen Botschaftsmitarbeiter.

Ende der 70er Jahre war Sportlichkeit in allen automobilen Klassen angesagt, Opel erinnerte sich an goldene Zeiten, als der Rekord Sprint und der Commodore GS/E mit Kriegsbemalung en vogue waren. Ganz zum Schluss seines Lebens, im April 1982, lancierte Opel mit dem SR/E einen sportlichen Rekord in guter alter Sprint-Manier, und schon zuvor nahm sich Irmscher des Rekord E an und integrierte ihn 1979 in seine »Weiße Flotte« - leichtes Motortuning, Karosserieanbauteile, individuelle Felgen, innen sportiv.

Der Porsche war zwar ein geborener Volkswagen, als er jung war und 356 hieß, aber ein wahrer Volks-Wagen war er natürlich nie. Da half auch der mittelmotorige und zunächst vierzylindrige 914 nichts, der den Porsche 912 ersetzen sollte. Er war bezahlbar, aber deshalb noch lange kein Allerweltsauto. Obgleich sein Motor wieder fast so nahe an einem VW-Motor (nämlich dem aus dem 411 E) war wie in seligen 356-Zeiten. Die Vierzylinder 914/4 entstanden bei Karmann in Osnabrück, die Sechszylindrigen (914/6) bei Porsche selbst. Landläufig sprach man vom VW-Porsche, despektierlich auch vom »VoPo«.

Sein Nachfolger, hier in den Stuttgarter Weinhängen unterwegs, heißt 924. Eingefleischte Porsche-Fahrer mussten sich umgewöhnen. Die Motorhaube ist vorne. Denn dort ist der Motor. Wassergekühlt, nicht luftgekühlt. Ein Reihenvierzylinder, kein Boxer. War er ein Porsche? Der Motor stammte aus dem Audi 100. Schlimmer noch: Auch der VW LT Lieferwagen wurde damit angetrieben, und auch sonst stammte viel aus dem VW/Audi-Teileregal. Er war auch nicht made in Zuffenhausen, sondern made in Neckarsulm, im ehemaligen NSU-Werk, das nun Audi gehörte. Und dann das Styling von Harm Lagaay - nun, es war zumindest gewöhnungsbedürftig.

Er ist so selten, dass man glauben möge, Alfa habe ihn gar nicht offiziell nach Deutschland importiert. Aber es gab ihn durchaus beim Alfa-Händler zwischen Flensburg und Garmisch, den GT Junior mit Zagato-Karosserie. Er war ein kleiner, zweisitziger Reisewagen mit Giulia-Technik, gezeichnet von und montiert bei Zagato. Es gab nur 1510 Exemplare zwischen 1969 und 1975, im Bild die erste Serie GT 1300, bis 1972 produziert und im Februar 1974 fotografiert.

Ebenfalls stilistisch ungewöhnlich ist die Alfetta GT auf verkürzter Alfetta-Plattform, eine Arbeit von Giorgio Giugiaro. Die hinreißend flache und schnittige Front steht im Kontrast zum voluminösen Heck, das die Alfetta GT immerhin zum vollwertigen Viersitzer mit Kofferraum machte. Die extrem flache Windschutzscheibe sorgte für optische Verzerrungen beim Fahrer. Aber was soll's, die Praxis leidet manchmal unter der Optik, und die war toll. Welch ein Gegensatz zum VW 1600 Variant!

Premiere feierte der Alfasud auf dem Turiner Salon im Herbst 1971. Anfangs hatte der Sud einen konventionellen Kofferraumdeckel, trotz des schrägen Hecks fand sich keine große Klappe. Stattdessen lancierte Alfa Romeo 1975 den Kombiwagen Giardinetta, eine überaus seltene Erscheinung und heute eine absolute Rarität. Seine Besonderheit war die holzverkleidete Ladefläche. Nur 5899 Exemplare wurden bis 1980 gebaut, das Foto stammt aus dem März 1976.

Die Farben der 70er-Jahre: Drei facegeliftete Fiat 128 einträchtig beieinander, der Nachfolger des populären Fiat 1100. Frontantrieb, Frontmotor, recht großer Innenraum - der 128er war eine echte Alternative zum Opel Kadett oder Ford Escort. Die Überarbeitung vom Frühjahr 1975 bescherte dem Fiat 128 mehr Plastik und rechteckige Scheinwerfer.

Dann kam im Frühjahr 1978 der Ritmo. Er gehörte zu den ersten Serienwagen mit monströsen Kunststoffstoßfängern, die das Design der 80er vorwegnahmen. Fiat sprach in der Werbung von »Schutzschilden«. Auch der er rostete ohne Ende, und der Volksmund deutet den Namen »Ritmo«, der auf Italienisch tatsächlich Rhythmus bedeutet, so: Rost in Turin montiert.

1976 wurde der Fiat 131 zum Hochleistungssportler. Der 131 Abarth Rally war die Homologationsserie, damit der Wagen beim Rallyesport eingesetzt werden konnte. Weil am Steuer ein gewisser Walter Röhrl drehte und den 131er von Sieg zu Sieg fliegen ließ, bekam der Wagen einen zusätzlichen Popularitätsschub. Das neue Image schlachtete Fiat werbewirksam aus.

Zu diesem Auto griff man freiwillig. Es war quasi ein Gokart. Ein Mittelmotor-Sportler eben. Dieses Gerät lag so satt auf der Straße wie kaum ein anderer Sportwagen, und sein geringes Gewicht machte ihn heiß. Das war wirklich ein würdiger Nachfolger für den zuckersüßen Fiat 850 Spider. Im Prinzip folgte der Fiat X 1/9 dem VW-Porsche 914, technisch wie optisch, auch die Klappscheinwerfer teilten beide.

Die Lancia Beta Berlina (so heißen in Italien viertürige Limousinen) mit von Gianpaolo Boano gezeichneter Schrägheckkarosserie (ohne Heckklappe) war 1972 ein ultramoderner Wagen: Frontantrieb, quer eingebauter Doppelnockenwellenmotor, Fünfganggetriebe, rundum Einzelradaufhängung und Scheibenbremsen. Schade, dass die Karosserieform nicht sonderlich inspirierend wirkte, zwar modern, aber doch langweilig. Die Chromteile konnten übrigens nicht rosten. Sie waren, wie bei Citroën, aus Inox. Das war aber das Einzige, was nicht rosten konnte.

Lancia Gamma: Individueller kann ein Auto, das nicht Citroën heißt, wohl kaum sein. An ihm war nichts so, wie es der Käufer in dieser Wagenklasse, der oberen Mittel- oder unteren Oberklasse, erwartet. Front- statt Heckantrieb, 4-Zylinder-Boxer statt V6, Schräg- statt Stufenheck.

Von 1970 bis 1974 war Jean Sauvagnarques französischer Botschafter in Deutschland. Während seiner Bonner Zeit fuhr er einen speziell für ihn angefertigten Citroën SM in tiefem Schwarz mit Multimedia-Hightech der frühen 70er-Jahre, vom Diktiergerät bis zum Autotelefon.

Brandneu ist der Citroën CX 2000 im März 1975, die allererste Version ohne vordere Kotflügelverbreiterungen - die kamen erst, als der CX optional breite Felgen mit Michelin-TRX-Reifen trug, also 1978 mit dem CX GTI. Im Hintergrund ein mit Teroson beschmierter Ford P3, ein Mercedes W108 sowie drei Fahrzeuge in Diensten der Bundeswehr: Ford Transit Krankenwagen, VW T2 Bus und VW 181.

Der Hans-Albers-Platz auf St. Pauli. Ein hübsches Auto hat sich hierher verirrt, ein Peugeot 304 Cabriolet. Als Limousine war der Peugeot 304 konzeptionell fortschrittlich (Frontantrieb, quer eingebauter Leichtmetallmotor) und basierte auf seinem älteren, aber kleineren Bruder 204. Coupé und Cabriolet waren zuckersüße Zweitwagen für Madame.

Sein Nachfolger ab Herbst 1977 war der viertürige 305, von dem es keine Coupé- oder Cabriolet-Versionen gab. Jahrelang war er der Peugeot-Bestseller, wieder ein konservativ gehaltenes und gefälliges Auto der unteren Mittelklasse, das auch im Export erfolgreich war.

Eine erwägenswerte Alternative zum Opel Rekord oder Audi 100 war stets der Peugeot 504, ausgereift, ausgewogen, serienmäßig mit Schiebedach, individuell durch seine Herkunft und sein Pininfarina-Design mit dem geknickten Kofferraum und den charakteristischen Heckleuchten. Der Wagen im Bild ist das Sparmodell, ein Peugeot 504 L mit wenig Chrom.

Eine Alpine A 310 V6, aufgenommen im August 1977 kurz nach ihrer Präsentation. Zunächst, ab 1971, hatte der Mittelmotor-Bolide mit Kunststoffkarosserie einen Renault-Vierzylindermotor, ab 1976 den Europa-V6. Die A 310 ist die letzte Alpine, die Firmengründer Jean Rédélé eigenständig entwickelt hatte, bevor er seine Firma vollends an den Staatskonzern Renault veräußerte.

Viel bekannter als ihr Nachfolger A 310 war die Alpine A 110 Berlinette mit dem Zusatznamen »Tour de France«. 1962 präsentiert, bis 1977 produziert und auch in Deutschland angeboten. Das war ein kleiner, agiler Spitzensportler mit Renault-Motor im Heck, der sich im Motorsport, vor allem bei harten Rallyes, einen hervorragenden Namen gemacht hatte. Im Bild eine Szene vom Norisring 1970, die orangeroten Wagen starten für das Team Renault-Deutschland, rechts Dieter Kerns Auto.

Der R4 war immer und überall. Ein genialer Wagen, der allerdings stets im Schatten des Citroën 2CV stand, obgleich er moderner und praktischer war. In deutschen links-alternativen Studentenkreisen war der R4 in den 70ern gleichwertig mit dem 2CV, sein Heck bot dieselbe, dringend benötigte Fläche für entsprechende Aufkleber. Er wurde von 1961 bis 1992 gebaut. Der Deutschland-Import endete bereits 1988, weil der R4 die geforderten Abgasbestimmungen nicht mehr erfüllte. Der 1975 in Wien aufgenommene R4 war damals ziemlich neu, der schwarze Kunststoffgrill war im Herbst 1974 eingeführt worden.

Der Pummel! Kaum jemand mochte die Karosserieform des R14, und der Wagen war ein typisches Wegwerfprodukt. Zwar praktisch und sicherlich gut konstruiert, aber in keiner Form wertig. Einen R14 hatte man gebraucht, verbraucht, aber sicher nicht aufgehoben. Wann haben Sie zuletzt einen gesehen? Schon die Präsentation1976 scheiterte. Renault warb für den R14 mit einer Birne. Niemand begriff, dass dies eine Anspielung auf die fließende Form des Wagens sein sollte. Noch heute trägt der R14 in Frankreich den Spitznamen »Poire« (Birne). Der Wagen rostete unsäglich, die stilistische Extravaganz zielte ins Leere.

»Der kleine Freund« - damit warb Renault-Deutschland für den R5. Selten hat ein Slogan so gepasst. Klein und bunt und knuffig, so richtig nach dem Geschmack der Damen, gewürzt mit einer kleinen Portion Pariser Chic. Und Korrosion. Der Rostfraß raffte alle frühen R5 weg.

Stadtlieferwagen waren ein Genre für sich. Der Transporter à la VW Bulli war die erste Wahl bei Gewerbetreibenden. Dennoch war Platz für einen pkw-artigen Kleinlieferwagen. Simca war hier ab 1973 Trendsetter mit dem 1100 VF2, der nur im deutschsprachigen Raum »Citylaster« hieß.

Auf Basis des Citylasters entwickelte Matra im Auftrag von Chrysler-France (= Simca) den Rancho, ein multifunktionales Freizeitfahrzeug, das ebenfalls Jägern und Förstern oder, in seiner Lieferwagenversion AS, Gewerbetreibenden das Leben erleichterte. Im Sommer 1977 startete der Verkauf. Der Matra-Simca Rancho war ebenfalls ein Trendsetter, er nahm das Genre des Sport Utility Vehicle (SUV) voraus. Das Einzige, was dem Rancho (vielleicht) fehlte, war der Allradantrieb. Und ein solides Gerüst, das die Kunststoffkarosserie tragen konnte. Den unter dem Aufbau faulte ein Rancho in Rekordgeschwindigkeit.

Woher kamen die seltsam anmutenden Zahlenkombinationen bei Simca in der zweiten Hälfte der 70er? Die ersten beiden der vier Ziffern deuten auf den Hubraum des Grundmodells hin, die beiden hinteren Ziffern verweisen auf die französischen Steuer-PS (die »CV«). Der 1307 ist also ein 1300er mit 7 fiskalischen PS, der 1308 ist zwar ein 1500er, aber gehört zur gleichen Baureihe, dessen kleinster Motor 1,3 Liter Hubraum hat. Darüber hinaus ist er in Frankreich mit 8 CV zu versteuern. So entstanden auch die Typen 1005 und 1006 (der ehemalige Simca 1000), und der Chrysler 160 wurde zum Chrysler/Simca 1609, der 180er zum 1610.

1973 wurde der Chrysler überarbeitet, neues Spitzenmodell bildete der 2 Litres mit serienmäßiger Automatik. Simca spendierte ihm 200 cm³ mehr Hubraum und zehn Mehr-PS, um der Automatikversion dieselben Fahrleistungen wie dem manuell geschalteten Chrysler 180 zu entlocken. Zunehmend wurde der Chrysler ein kleiner Luxuswagen, innen war er sehr komfortabel. Die Automatikversion gefiel den Franzosen gar nicht, denn jeder Franzose will schalten. Im Bild ein 1973er Chrysler 2 Litres Automatique, aufgenommen 1978 in Köln, zwischen Peugeot 504 und Ford Fiesta, hinter ihm ein NSU 1200C.

Etwas für Devotionaliensammler: Bagheera-Anstecknadel, als Souvenir anlässlich der Präsentation im Juni 1973 verteilt. »Bagheera« ist der Name eines schwarzen Panthers aus Rudyard Kiplings Roman »Das Dschungelbuch«.

Das Auto, das vom ADAC die »Silberne Zitrone« bekommen hatte. Mit diesem Negativpreis im Gepäck blieb der Matra Bagheera zumindest in Deutschland in Erinnerung. Das wurde ihm nicht gerecht. Der Bagheera war ein hinreißend gezeichnetes Mittelmotorcoupé und wies als Besonderheit drei Sitze nebeneinander auf. Gemeinsam von Matra und Simca als Nachfolger des Matra M530 entwickelt, verfügte der Bagheera über einen Stahlrahmen mit Kunststoffkarosserie und die Technik des Simca 1100 Ti. Das Bild zeigt einen modifizierten Bagheera der zweiten Serie ab Herbst 1977, der 1979 in Talbot-Matra umgetauft wurde.

Brot-und-Butter-Autos aus England spielten auf dem deutschen Markt keinerlei Rolle. Großbritannien war das komplette Jahrzehnt hindurch von Streiks der übermächtigen Gewerkschaften geplagt. Das Ergebnis waren kolossale Qualitätsmängel. Wer hätte einen englischen Alltagswagen einem anderen Fabrikat vorziehen sollen? Unterm Strich sprach nichts für einen Morris Marina oder einen Austin Allegro, höchstens dessen nicht rundes Lenkrad. Die ersten Allegros kamen 1974 nach Deutschland, und aus dieser Zeit stammt der abgebildete Wagen mit der großflächigen Eigenwerbung: »Austin Allegro – ein Auto wie Musik.«

Mit solchen Autos konnte British Leyland eher punkten. Natürlich jaulten die Puristen vor Empörung laut auf, als der Triumph TR7 im Herbst 1975 erschien. Denn der keilförmige Wagen hatte etwas Unerhörtes, nämlich ein Blechdach. All seine Vorgänger waren kernige Roadster gewesen, der TR7 kam als Reisecoupé daher. Anders hätte er auf dem Hauptabsatzmarkt USA nicht angeboten werden können. In Deutschland verkaufte er sich nicht schlecht, und ab 1979 gab es sogar eine offene Version. Der rote Wagen rechts hinten ist übrigens einer der wenigen Morris Marina, die nach Deutschland importiert wurden.

Als der Rover P6 im Jahre 1963 erschien, gehörte er zu den fortschrittlichsten Automobilen der Welt. Er lebte bis 1976 und war immer noch etwas ganz Besonderes. Das Fahrwerk war seiner Zeit um Längen voraus, der Vierzylindermotor hochmodern. Der einzige eklatante Nachteil des Rover P6 war sein kleiner Kofferraum, weswegen einige Fahrer, wie der Eigentümer des österreichischen Rover 3500 V8 im Bild, das fünfte Rad auf der Kofferraumhaube montieren ließen. Besonders exquisit wurde der Rover P6 ab 1968, als er einen in Lizenz gebauten Buick-V8 mit 3,5 Litern Hubraum implantiert bekam. Das machte ihn noch konkurrenzloser.

Ein XJ-6 4.2 der Serie II, im März 1976 als Neuwagen fotografiert. In erster Linie waren es Details, die den Unterschied ausmachten, so die höher gesetzten Stoßstangen (dem US-Markt geschuldet) sowie ein neues Heizungs- und Belüftungssystem mit Klimaautomatik. Neu hinzugekommen war das zweitürige Coupé. Es hatte seine Daseinsberechtigung, solange der E-Type noch am Markt war. Doch der E-Type-Nachfolger XJ-S kannibalisierte das XJ-Coupé intern. Die Serie-II-Jaguar litten unter denselben Qualitätsmängeln wie jeder profane Morris Marina und rosteten unsäglich.

Saab und Volvo, die Skandinavier, hatten seit jeher einen Käuferstamm südlich des Polarkreises. In den skandinavischen Ländern waren die beiden Marken das Nationalheiligtum. Hier gab es den Kulturkampf zwischen den Anhängern des Zweizylindermotors (die Saab-Fraktion) und den Freunden der vier Töpfe (die Volvo-Fahrer). Saab sah ein, dass der Zweitakter nicht mehr zeitgemäß war, und verbaute in den Saab 96 einen Ford-V4-Motor. Einen solchen Saab sehen wir hier im August 1978.

Zwischen 1976 und 1984 gab es den Volvo 264 TE, eine verlängerte Luxuslimousine für skandinavische Staatsregierungen. Diesen Wagen entdeckte auch eine andere Regierung für sich, nämlich diejenige der DDR. Erich Honecker ließ sich in einem Volvo 264 TE chauffieren. Wir sehen seinen Wagen im Umfeld der Leipziger Herbstmesse 1977.

Als Ergänzung nach oben zum »Amazon« bot Volvo ab Sommer 1966 den 142 (Zweitürer) und 144 (Viertürer) an. Weil Schweden kein EWG-Mitglied war und somit die Zollsätze bei importierten Wagen nach Deutschland, Frankreich, Italien und Benelux hoch gewesen wären, ließ Volvo die Wagen für diese Länder im belgischen Gent montieren. Lediglich die Kombis (Typ 145) kamen aus Schweden. Das eckige und kantige Design stammte von Jan Wilsgaard.